U0006330

抗壓韌性

世界菁英的成功秘密，
人人都可鍛鍊的
強 勢 復 原 力

RESILIENCE MUSCLES

世界中のエリートがＩＱ・学歴よりも重視！

「レジリエンス」の鍛え方

序言

讓全世界菁英不斷取得成績的必備能力是什麼

石頭型菁英和玻璃型菁英

我曾有幸和世界一流的菁英們共事，在這段寶貴的時間裡，我明白了菁英大致分為兩類：石頭型菁英和玻璃型菁英。

當然，這裡的「石頭」指的並不是菁英們的身體強健如石頭，而是指菁英們精神上的耐高壓性和情感上的自律性。只有那些內心強大的商業菁英才能夠不斷提高業績，在公司內外的殘酷競爭中遊刃有餘，在職業生涯中取得非凡的成就。

也有一些人，從履歷上的學歷和經驗看，他們好像是「菁英」，可一旦擔負重任，精神上的「玻璃性」就會暴露無遺。結果是，他們不再被重用，在殘酷的競爭中如履薄冰，最終在職業道路上鎩羽而歸。

我不禁困惑：這些玻璃型菁英們無論從學歷還是智商上看都無可挑剔，但他們和石頭型菁英之間的差距為何如此之大？這種差距是先天形成的嗎？是否可以透過後天的訓練消除？我想只有我們正視困境，從靈魂深處渴望堅定的意志和自制力時，這個問題才能迎刃而解。

好了，在給出詳細答案之前，請允許我先做個自我介紹。

在培養石頭型菁英的「人才工廠」的工作經歷

在介紹自己的工作經驗時，我通常會說自己沒有在工廠工作的經驗，但是有在「人才工廠」長期工作的經驗。實際上，我曾在外商企業寶僑（Procter & Gamble，簡稱P&G）工作了十六年，他們培養出了眾多在國內外企業中擔當要職的商業菁英。

經過在寶僑的歷練後，有不少國際型菁英進入海外的一流企業擔任高層。而在日本，有很多曾經對我關照有加的上司和前輩，也繼續在日本的其他外商企業裡擔任社長或幹部。所以說寶僑是名副其實的「人才工廠」。

這些菁英名聲在外，所以擁有寶僑工作經歷的人，不需要為了跳槽煩惱。只要做到管理階層，自然會有很多獵人頭公司寄郵件、打電話來介紹新工作。

即使我多次鄭重地回絕過他們，表示我現在沒有跳槽的意願，獵人頭公司也不厭其煩地說，想辭職的時候給他們打聲招呼就行。在我看來，這與其說是因為我個人的能力和成績，倒不如說是「有寶僑工作經歷」這個閃亮的招牌使然。

那麼，寶僑人才輩出的原因究竟是什麼？曾作為寶僑人的我，的確略知一二。

▼培養出優秀人才的三大原因

人才輩出的第一個原因是，寶僑是篩選世界上最優秀人才的「入口」。

不光是在日本，無論在哪個國家，寶僑都極受那些希望出人頭地的年輕人歡迎。全世界有超過一百萬名應徵者在競爭寶僑的大約五千個工作機會。也就是說，從「入口」開始就大有千軍萬馬過獨木橋的陣勢。並且，被錄用之人中，不乏一些畢業自知名商學院的MBA學位者。

被錄用後，這些有潛質的年輕人就會被寶僑雕琢加工，真正成為寶石，最後再從寶僑的「出口」畢業。而寶僑人才輩出的秘密就在這「一進一出」之中。

第二個原因就是即便身處日本，也能夠獲得世界頂級菁英的指導。

對於寶僑來說，日本市場是一個戰略性的重要市場。即便是在眾多外商企業縮小在日企業規模、退出日本市場的浪潮中，寶僑依然立下誓言：「只有做出讓全球最挑剔的日本消費者滿意的產品，寶僑才能贏得全世界。」所以，為了在日本市場上取得勝利，很多頂級的菁英就從世界各地被輸送到了日本。

這其中有三位曾在日本分公司做出成果、立下豐功偉績後回到美國總部擔任CEO的管理者，除此之外，還有好幾位現在管理著幾千億日圓規模業務的經營幹部，他們接受著日本消費者的考驗，並創造出出色的業績。

回首往昔，我曾經與這些放之四海皆有非凡成績的真正菁英們一起共事。他們既作為直屬上司指引和影響了我，又在工作上為我樹立了模範和榜樣，還像長輩一般不斷給我箴言教誨。這讓我感到無比幸運。

第三個原因就是寶僑為了培養人才，會把重要的工作交給新人。我曾在寶僑負責過很多工作，從負責廚房清潔劑的一般員工到化妝品市場總監，待過很多部門。進入公司第三年，我開始負責新產品，支配龐大的預算，好讓新產品在市場脫穎而出。三十歲之後，我開始負責全球規模的商品開發和運作數百億日圓的業務。而我所在的行銷總部，正好是寶僑培育管理幹部候選人的關鍵部門，所以從最基本的團隊管理到公司的經營管理，我接受了完整並且徹底的鍛鍊。

管理大師彼得．杜拉克（Peter Drucker）曾在他的書中寫道：「成功的鑰匙是責任，是積極主動地承擔責任。責任是萬事之源，成功不在於地位，在於責任。」我也深以為然，堅信正是因為被委以重任才得以成長。

在知名商學院也學不到的真理

當然，還是有想要逃避責任的人。他們害怕失敗，不願正視自己的責任。另外，還有些人，他們眼高手低，責任超過了能力範圍後不可避免的失敗讓他們心灰意冷，難以東山再起。

而我共事過的那些真正的菁英們卻從未逃避過責任。即便失敗，他們也總能重整旗鼓。他們身上的那種「吸取教訓、捲土重來」的精神讓我由衷地佩服。

真正的菁英與普通菁英的不同之處在於，他們懷著對事業的責任心，積極投身於日常的工作中。

這種工作態度很難在商學院中學到。而商學院中缺少的這一環，恰恰正是使這些真正的菁英們不斷地創造出成績、在職業生涯中收穫成功的關鍵所在。

使人才成為真正的商業菁英的關鍵，不是智商也不是學歷，就在這一環中。我這麼說並不代表我看不起智商和學歷，我只是強調在這些頭腦聰慧的人才中，既有碩果不斷、堅如硬石的菁英，也不乏因事業受挫而心灰意冷、脆若玻璃的菁英。

那麼這兩者有什麼區別呢？在本書中，我將其歸納為「抗壓韌性」的有無。

在外商企業和海外的工作經驗，讓我注意到抗壓韌性的重要性，而且，我也注意到，包括自己在內的大多數日本商業人士都對抗壓韌性的知識和技巧一知半解。這很有可能成為未來職涯中的絆腳石。

因此，我也不懼失敗，開始從事需要抗壓韌性的工作：向人教授抗壓韌性的相關知識。最開始教授的對象僅限於商業人士，但是我在指導的過程中發現不僅是商業人士，所有人都在追求幸福充實的生活方式和工作方法，而抗壓韌性是再好不過的「必備品」。所以，我現在的指導對象下至兒童上至老人，範圍很廣泛。

話說回來，這個給人生帶來成功、幸福和充實感的抗壓韌性到底是什麼呢？讓我們懷著一顆好奇心到書中一探究竟吧。

目錄

Part.2 理解失敗才能不害怕失敗

序章

學習「抗壓韌性訓練法」前

Part.1 Resilience 是什麼

Part.2 理解失敗才能不害怕失敗

Part.1 Resilience是什麼

從「藉口」時代到「抗壓」時代

「Resilience」原本是指環境學中生態系對於環境變化的一種「復原力」，後來被引入現代心理學，用來表示人的「精神復原能力」。

牛津英語辭典中，「resilience」被解釋為「受彎曲、拉扯、輾壓等外力作用後，靈活地恢復原狀的能力」，以及「不畏懼困難局面，迅速恢復的能力」。美國心理學會將「resilience」解釋為「能夠直接面對逆境、問題、高壓的應變能力和心理過程」。後者的解釋更符合商務人士的情況。實際上，「恢復」「再生」這些詞也很容易幫助人理解抗壓韌性的意思。

我認為，「恢復」「再生」同樣也是現在日本社會的關鍵詞。

日本走過了泡沫經濟崩潰的「失落的二十年」後，在安倍經濟學的政策執行下，漸漸地萌發出「停滯期要結束了吧」「景氣要開始復甦了吧」的期待感。

實際感受雖然因人而異，但以我客觀地來看是感覺得到變化的。對現在與家人居住在海外，每月一次的頻率飛回東京通勤的我來說，正好處在一個獨特的位置，可以觀察東京都內的人們與氛圍。

我在以前的工作中也做了很多消費者調查。觀察城市中人們的時尚與人們談話的內容，以及從媒體傳來的訊息，比起悲觀與消極，我開始聽到更多樂觀、積極的詞彙及說法。我所教的學生當中也包括了專業講師和顧問，每個人似乎都很忙碌。景氣正在復甦，開始重新投資人力資源培訓的企業數量也正在增加。

安倍總理所打出的強力訊息也深深影響了日本人的心理。從三一一東日本大地震的復興、重新獲得強勁經濟的重生、並且成為舉辦二〇二〇東京奧運的國家，可以感覺到長期停滯的流動開始向上改變，充滿強勁成長的正向感。

安倍總理嘗到了他政治生涯的谷底，並再次爬起，透過政府所傳達出的「重振」訊息，可以感受到他所投入的意志與情感，也在我們心裡激起了迴響。

然而這「失落的二十年」的負面影響，至今仍未消除。是否因為這持續了二十年的停滯，日本人全體似乎放棄了，不再「勉強自己」。

自從經歷過泡沫經濟的崩潰，日本人的生活陡然一變，只在力所能及的範圍內經營公司，維持著自己的個人生活。我在這裡並不是否定那些腳踏實地認真生活的人。相反地，我十分欣賞那些不逞強、按自己方式生活的人，因為這樣的生活方式能帶來很大的幸福感。

但是，我要說的是，日本人似乎誤解了這種生活方式的真正含義。在出現困難和新事物時，他們不想「勉強自己」，不敢向前邁步，而是恐懼失敗，逃避挑戰和困難。他們無意識地將「不勉強自己」的概念偷偷置換成「按自己的方式生活」。

另外，挑戰失敗的人往往不先反省失敗的原因，而是一味地妄自菲薄，而且，社會上的確也還存在著對接受挑戰的人指指點點的陳舊風氣。

然而，總是害怕失敗，怯於應對挑戰的話，絕不會開闢出新的道路。「勉強」不等於「魯莽」或「過分」。比如說那些資金不足卻非要白手起家最終讓家人露宿街頭的四十多歲上班族，我們稱其舉動為「魯莽」。還有那些連日通宵不眠不休工作的人，我們稱其舉動為「過分」。魯莽之人的成功不易來之，過分之人的成功好景不長。

而我所說的「勉強自己」，是指帶著靈活理智的思維方式，不恐懼失敗，勇於向困難挑戰。即使挑戰失敗，也能迅速恢復狀態，從失敗中吸取教訓，開始新的挑戰。

▼恐懼失敗所引發的自我無力感

前文談到的國家、經濟問題也許距離我們比較遙遠，那麼現在我們來談一下商務人士自身的「恐懼失敗」是什麼。

其實，答案很簡單。請讀者朋友回想一下自己在工作上遇到的討厭狀況。

比如說，自己擔負重任的新專案，由於風險太高，而變成一味地尋找終止的理由，或是跟不上空降過來的新主管的工作節奏。

碰到這種問題時，有很多人往往會「把討厭的事情先擱在一邊」「對新目標三天打魚兩天曬網」，或者發生「工作出了紕漏無法向公司交代」「不敢打電話開發新客戶」等狀況。這正是恐懼失敗所引發的心理問題。

這都算是「迴避行為」的壞習慣：無意識地避開原本應該進行的事情。經常「迴避行為」的人，拒絕時的口頭禪就是「我不行！」

比如說，當有人請求他們幫忙做一件工作時，他們會說自己不行而拒絕幫忙。而當有人鼓勵他們勇敢挑戰時，他們仍會覺得自己不行。即使主管要求他們「打電話開發新客戶」，他們也會退縮拒絕。

「無理」（日語，指難以辦到、勉強，不合適。）這個詞從前並不是這個意思，但如今無論是孩子還是大人都把它當作「方便找藉口的詞彙」來使用。

在面對新任務或新挑戰時，他們不說自己「能力不夠」，而是說「無理」，就好像這個「無理」能把工作和挑戰修飾得困難重重，從而讓他們順利開脫而不折損自尊心。

那些一面對新嘗試新工作就說「太困難」而迴避行為的人，都有一個共同的心理，那就是「恐懼失敗」。這種「失敗的話很糟糕」「不想面對麻煩」的心理，會使他們無意識地選擇迴避有失敗風險的行為。無可厚非的是，每個人或多或少都會存在迴避行為的心理，並做出不少迴避行為的事情，但是一旦養成「迴避行為」的習慣，會造成什麼後果呢？

這種壞習慣只會讓你的人生、事業平庸低調，甚至不斷朝著不幸的方向發展。你不覺得這後果正像日本「失落的二十年」一樣嗎？

站在商業角度來說的話，工作上毫無成果的停滯狀態也與此相同。特別是像存在許多不確定因素的新客戶開發工作，或是工作流程不明確的新專案等，面對這些情況時，有很多人束手無策，思緒瞬間打結。很多人在公司有意培養新業務人才、展現自我才能之時，因做事瞻前顧後、擱置拖延，而與機會失之交臂，錯失事業轉捩點。

現在，有很多企業積極進軍亞洲新興國家，並期待有進一步發展，但即便有去海外發揮才能的機會，還是會有人害怕「自己的英語不夠好」「擔心孩子在海外的教育問題」……而採取迴避。

不僅是個人，企業也會有迴避行為。如果在企業文化中根深蒂固地存在著「失敗的話很糟糕」的風氣的話，那麼即使有好的業務機會，企業也會以「沒有過先例」「我們公司不行」的藉口選擇迴避，而把機會拱手讓給國內的其他競爭對手，甚至韓國或中國等海外企業。

迴避行為會滋生慢性不滿

我認為有迴避行為的人很難獲得幸福。

雖然這話聽起來有些過分，但對商務人士來說確實是如此，因為在商業上令人感到充實和幸福的瞬間，大多都來自超水準的發揮，發揮自己的最高能力去挑戰「不可能」的目標。

在挑戰難題時，你不會感到疲憊，會忘記時間，能達到一種忘我的境界。跨越難關後，你就獲得了成就感。幸福感的要素之一就是成就感。

可是，如果一個人害怕失敗、凡事閃躲的話，他就會傾向於蜷縮在自己心理安全領域的「舒適區」。因此他能體驗到的充實感和幸福感就少之又少了。

也有很多人因過度害怕失敗而壓抑自己，不去嘗試自己真正想要做的事情，這也屬於迴避行為。「為了家人選擇忍耐」這種話聽起來好聽，但也屬於逃避行動。還有，說自己「做好準備後就會馬上開始」，也只是在找藉口。

長期的迴避行為只會滋生慢性不滿，讓我們很難獲得幸福。這種慢性不滿會在我們內心築巢搭窩，讓壓力日積月累，使我們心煩意亂。不僅如此，工作的充實感和人生的幸福感也會一點點地被蠶食殆盡，而我們也會覺得自己的人生厄運不斷。

▼當習慣逃避的我掌握了抗壓韌性時

別看我張口閉口都是大道理，其實我也曾經是為沒能實現自己內心所想而找藉口、覺得自己很不幸的職場人。

我在演講和授課時，會使用人生曲線圖（見第二十七頁）來做自我介紹。該曲線圖中，縱軸表示幸福感，橫軸表示時間，曲線代表了我進入社會以來幸福感的變化。

我進入社會後，事業基本上安安穩穩的，沒什麼風浪。雖然還是會遇上失敗或不順心，但相對地這些工作也協助我磨練出身為商務人士的自信心，上司及前輩也對我厚愛有加，我感到非常感激。

但是，我三十五歲左右第一次被外派到海外時，工作上各種意想不到的問題和狀況接二連三地襲來，隨之而來的壓力、疲勞還有對未來的不安交織在一起，我的精神狀況一落千丈。雖然還沒到需要就醫的地步，但長期失眠、不安，還有肩、腰、頭、腹部的疼痛等一些憂鬱的症狀也陸續發生。那段時間我非常痛苦。

在很長一段時間裡，我像被捲入漩渦、墜入幽深的海底一樣憂鬱低落。

不安、恐懼、憂慮、罪惡感等這些負面情緒正是造成的惡性循環的原因。那段時間，我每晚睡覺前腦袋裡都裝滿了工作上的煩心事，睡著後夢見自己一敗塗地，早上昏昏沉沉睜不開眼，只好強打精神堅持出勤。如果我精神上出現問題上不了班，要怎麼養活我的家人？

那個時候，正好有位從英國來的心理學家舉辦了講座。之前我對心理學毫無興趣，但當時很迫切地想解決自己的心理問題，抱著不錯失任何可能解決的方法的心態，去聽了講座。當時講座的內容就是關於抗壓韌性。

講座分享的都是經過科學論證和實證研究的切實內容，正是我需要的，所以我像海綿吸水一樣掌握了它，並且迅速地將學到的七大提高抗壓韌性的技巧運用到了工作中。

雖然要掌握抗壓韌性技巧需要大量時間和高度自律，但因為不想依賴醫生與抗憂鬱藥物，我振作起了精神。

最後，我終於從負面情緒的迴圈中掙脫出來，精神上也不再低落消沉，內心的情緒已經有「止跌回升」的跡象了。

這和商業、股票投資一樣，市場低迷，股票遭遇熊市時，重要的是及時地拋售股票促使其止跌回升（圖中①處）。

接著，就是朝著自己的目標拚命攀登的過程（圖中②處）。雖然是向前走，但這個過程走起來並不輕鬆。重新振作的道路荊棘滿地，處處是讓我們再次陷入負面情緒迴圈的陷阱和必須跨越的絕壁。

那時，我認真地叩問自己內心真正的渴望，並以此為目標立下了決心。而那個目標

■作者的人生曲線圖

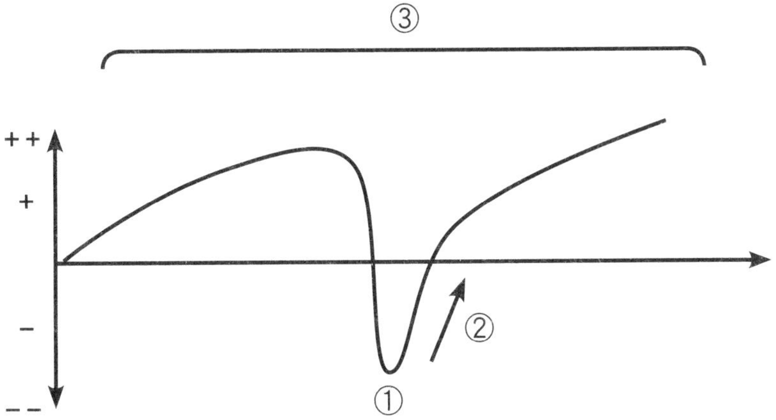

●縱軸表示幸福感，愈高表示幸福感愈強，愈低表示愈感覺不幸。

●橫軸表示時間，代表從進入社會到現在的這段時期

就是我曾經告訴自己「你不行，你做不到」並放棄的目標。我決心不再找藉口，勇敢地邁出步伐，朝著目標一步一步地攀登。

我重新振作後，所有的事情都變得明朗。曾經挫折不斷的工作也能順利進行了。責任加重了，部下增加了，薪資也增加了。因為相信自己能夠從失敗中重新站起來，所以我自信滿滿，能夠毫不畏懼地挑戰新工作（圖中③處）。

因為找到了自己真正想要做的工作，所以我現在能獨立生活、自主創業，而且現在還能將抗壓韌性的訓練方法教授給社會人士及孩子們。如曲線所示，我現在過得非常充實，非常幸福，期待著未來曲線右側依舊能夠徐徐上升。

適用於企業和學校的抗壓韌性訓練法

現在，我是一位抗壓韌性訓練專家，向商務人士教授培養抗壓韌性的技巧。如同我的經歷一樣，這是一種從內心受挫的困境中重新振作起來的技巧。正因如此，關於抗壓韌性的研究，在競爭白熱化的市場中備受全球企業的關注。

在海外，殼牌石油、高盛、葛蘭素史克藥廠等企業巨頭，將抗壓韌性訓練法應用到管理階層培訓或鍛鍊領導力上，以培養抗壓韌性強、內心堅韌的經理人。

而在日本，人們對它的關注也在升溫，有日本企業也將抗壓韌性訓練法的培訓導入公司。前段時間我就去了愛知縣瀨戶市的一家老牌企業，這家有著百年歷史的企業，生產以陶瓷加工技術為中心的高壓配電用機械玻璃，以穩定的銷售和堅實的經營著稱，而且，它一直以來採用的是家族式的經營方式，公司不曾裁員。

不過，當海外的廉價產品來到日本，同樣領域的市場競爭會愈發激烈，因此企業不能掉以輕心。這家企業的現任社長四十歲時就當上了董事長，他決心施行經營改革，推動企業進一步發展。這次的改革重點就是運用最先進的技術，研製「燒結石英」這種精細陶瓷的商品，以此為武器開發新客戶。如果能在近期一年一度的國際展銷會上商談成功，企業的目標就不難實現。可是，業務團隊非常害怕商談失敗，因為他們在過去三年的展銷會上都沒獲得預期的成果，所以團隊中產生了「自己再怎麼努力也會失敗」的無力感。

因此，社長想要改變這種消極的狀態、培養團隊堅韌的心理素質，並且注意到了抗壓韌性訓練法。以培訓為契機，幹部員工的態度開始發生了轉變，而且培訓的早期效果顯著：展銷會之後，商務邀約的迴響也比以前好了。這些都在於員工的態度從內心發生了轉變。

我在教授商務人士抗壓韌性訓練法的過程中也深深感覺到，從年輕的時候就應該掌握這種不敗於困境，逆流而上的力量。

抗壓韌性研究已有三十多年之久，最初是針對「憂鬱症年輕化」的問題導入學校教育之中。如果青春期得了憂鬱症，那成人之後憂鬱症復發的機率就相當高，所以，有海外的學校為了預防憂鬱症，將抗壓韌性訓練法導入孩子們的日常課程之中。

我和志同道合的朋友一起成立了正向心理學協會，為的就是培訓老師，讓抗壓韌性訓練法得以導入從小學到大學的各級學校。這項全新的心理教育課程，獲得了很大的成果。

和民集團的創辦人、現任日本參議員渡邊美樹所擔任理事長的名校郁文館夢學院，設有國際高中部。這所高中裡的全體學生都要在一年級的冬季到海外留學一年。這對十多歲的孩子們是一種考驗，很多學生在留學前壓力非常大。

所以，這些高中生在留學前進行了抗壓韌性訓練法課程的學習。這些學生目光炯炯的表情令我吃驚，他們滿臉好奇，專心聽著抗壓韌性訓練法的說明，並積極地練習。

最後，他們對訓練法給予了很高的評價。老師也表示：「內心堅韌的話題很容易落入含糊不清的抽象說法，但這次課程的成功之處，在於和學生之間建立了真正的共同連繫。」

課後，老師用感情控制、樂觀性、自尊心、自我效能感、人際關係能力所構成的抗壓韌性標準來測試學習效果。看到測試結果得到改善，大家都很開心。

另外，對心理素質愈低的學生，抗壓韌性訓練帶來的效果愈是顯著。它的意義在於培養學生不屈於困境，勇敢面對可能在留學過程中遇到的嚴峻考驗。如今，大學入學考前的高三學生，也開始了抗壓韌性訓練的課程。

我們需要抗壓韌性的三大理由

在序言中我說過，商業菁英的共通點就是：精神上的抗壓韌性能讓他們從失敗中重新站起，突破逆境，從而進一步成長。在之前也說明了日本需要進行抗壓韌性訓練。現在針對必要性，再進行更具體的說明。

第一點就是現代社會的「心理健康」問題。

現在，愈來愈多人由於壓力和工作繁忙，會出現精神疲勞，特別是憂鬱症已經成為一種社會問題，職場上的憂鬱症更為嚴重。很多人以為女性或年輕人容易罹患憂鬱症，但最需要注意的是四十到五十歲的族群。這個年齡層的人會出現所謂的「中年危機」，即隨著身體衰弱，精神上容易受到打擊，一旦感覺到自己事業的向上發展空間有限，就會喪失希望、毫無幹勁，變得垂頭喪氣。

對於一個商務人士來說，事業是持久戰。雖然有時候需要「短跑」、硬拚一下，但是持續不了太久。事業更應該像「長跑」，要像馬拉松選手一樣，保持節奏跑完全程。

因此，如果在事業初期沒有掌握持久戰的工作方法，等到了中期後，就更容易出現身體或心理上的問題，導致「提前退出比賽」。而事業上帶來龐大回報的時期，卻是個人實力和經驗不斷累積的後期。很多商業人士的大部分資產都是在最後十年間累積的。要想長期健康地工作，迎來事業的黃金時期，就必定要掌握培養堅韌內心的抗壓韌性訓練法。

第二點就是日本正在迅速邁向全球化。在全球化的背景下，很多企業都在尋求應變力，從海外來日本工作的人數年年都在增長。安倍的新經濟政策，相對於中國經濟成長的不透明感，讓愈來愈多的外商企業開始重新定義日本市場的位置。二〇二〇年的東京奧運將進一步加速這個發展趨勢。

全球化到底對我們商務人士帶來了怎樣的影響呢？這個影響就是社會愈來愈需要那些對於變化採取開放態度、對多樣性能靈活應對、在海外也能一展才能的人才。並且，對能夠自主創新，具有改革素質的管理人才的需求也在增加。與日本國內相比，海外的商業菁英在全球化的潮流中顯得更堅韌。因為他們之中很多人都是從比日本更嚴峻的環境中脫穎而出的傑出人才。

雖然現在由於語言限制，他們在日本國內企業中施展拳腳的空間有限，但是隨著企業英語化的發展趨勢，五年、十年之後就會有很多來自中國、香港、東南亞、印度的菁英們越洋來到日本工作，因為在地化策略的需求，他們有可能會奪走高薪資的主要職位，或者使這些職位流出日本。付給國外菁英的薪資畢竟比不上日本國內的水準，所以企業也可以節約人事成本。

為因應全球化，光靠英語或商務技巧是不夠的，必須有不向失敗、考驗低頭的抗壓韌性。實際上，在歐美國家，高抗壓韌性的管理人才培養也正在發展中。

第三點是苦惱工作方法的人正逐年增多。現狀是周圍沒有可以學習的工作範本，特別是接受「寬鬆教育」後進入社會的年輕職員，總是不習慣卯足全力拚命工作賺錢。

有抗壓韌性素質的人可以為我們提供工作方法的範本。理性地對待工作，靈活地應對困難，心智堅韌地突破困境，然後從殘酷的教訓中汲取經驗、逐步成長，是抗壓韌性強的人在工作中的共通表現。

在這本書中，我會把松下幸之助、樋口廣太郎、賈伯斯、大前研一等名人的抗壓型工作方法作為範本，介紹給讀者。

這些人既有勇氣挑戰「不可能」的工作，又採取了適合自己的工作方式。他們既能站在高處審視自我，又能在自己的工作領域裡用心取捨，並懷著感恩之心，珍惜身邊的夥伴。在他們的身上，散發出一種個性十足又不失本真的工作情懷。

現在愈來愈多人不再閱讀，這種情況引起的弊害之一就是很難找到能學習的榜樣。網路上不完整的資訊，並不足以提供可以作為參考的工作方式。想要在自己的事業上取得成績的人，必須以那些能不斷取得事業成果的人為榜樣。如果榜樣不在身邊，那多讀書就更重要了。

▼培養抗壓韌性的七大技能

也許前面說得比較籠統，不知道讀者朋友是否抓住了抗壓韌性的概念。抗壓韌性就是改變害怕失敗、迴避行為的習慣，擺脫受挫失落的情緒，朝著目標重新邁步的力量。這本書的主要目的是向大家介紹如何有系統地鍛鍊抗壓韌性的技能，首先說明一下訓練的主要內容。

掌握抗壓韌性共分成三個步驟（見第三十六頁）。第一階段就是從精神低谷中掙脫出來，讓情緒停止墜落（圖中①處），請讀者朋友設想一下自己被浪捲入海裡、幾乎要溺水的情形。再不採取行動就會被大海吞沒，無法重新爬到岸邊。是需要想盡各種方法讓自己從漩渦中脫身的階段。

因此，第一個必備技能就是擺脫負面情緒的惡性循環。恐懼失敗、焦躁不安等負面情緒的反覆會產生「迴避行為」的惡性循環。為了打破這個迴圈，就要掌握讓自我心情轉好的方法。

第二個技能就是馴服無用的「思維制約犬」。如果能找到藏在內心深處的思維制約並對症下藥，那麼就能消除產生負面情緒的根本原因。

■掌握抗壓韌性的三個步驟

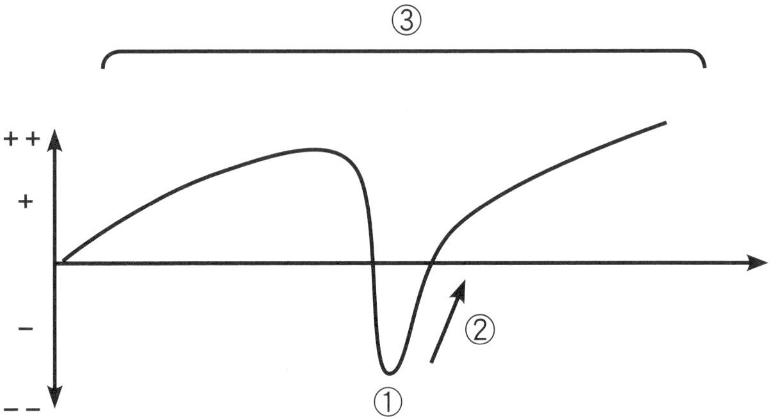

①擺脫精神消沉、停止精神「墜落」的階段
②運用「復原力肌肉」、重振旗鼓的階段
③退開一步，以高視角俯視過去困境體驗的階段

如果能靈活運用這兩個技能，就能有效阻止因為失敗、麻煩而造成的精神沮喪，但這並不是抗壓韌性的最終目標，這只不過是完成了第一步，就像馬拉松的「折返點」一樣而已。

當精神停止「墜落」後就進入了第二個階段，即向上攀爬的階段（圖中②的範圍），如果在這個階段打鐵趁熱、乘勝追擊，則如同順水行舟，很快就能迎頭趕上。我們經常說的「利用逆境，完成飛躍」指的就是這個過程。

不過，想要順利突破逆境的話，還需要一鼓作氣地向上攀爬的「體力」。想必經歷過的人都知道，一旦遭遇失敗和失誤，情緒低落，即便是想回到原來的狀態也很困難。光從海中的漩渦中掙脫出來還不夠，等待在後面的下一個挑戰就是在海面上生存。想要繼續生存下去，還需要有能夠克服重力，不斷上游的體力和節省體力的游泳技巧。也就是正視困境的力量，和克服困境重振旗鼓的「復原力肌力」。

本書中所介紹的抗壓韌性訓練法，是由英國東倫敦大學博尼韋爾博士（Dr. Ilona Boniwell）所開發，她將這種肌肉命名為「復原力肌力」，意思是「重新振作的肌肉」。它既是突破逆境、重新振作的勇氣之源，也是在高壓體驗下保護我們心靈和自尊的緩衝劑。

■掌握抗壓韌性所需的七大技能

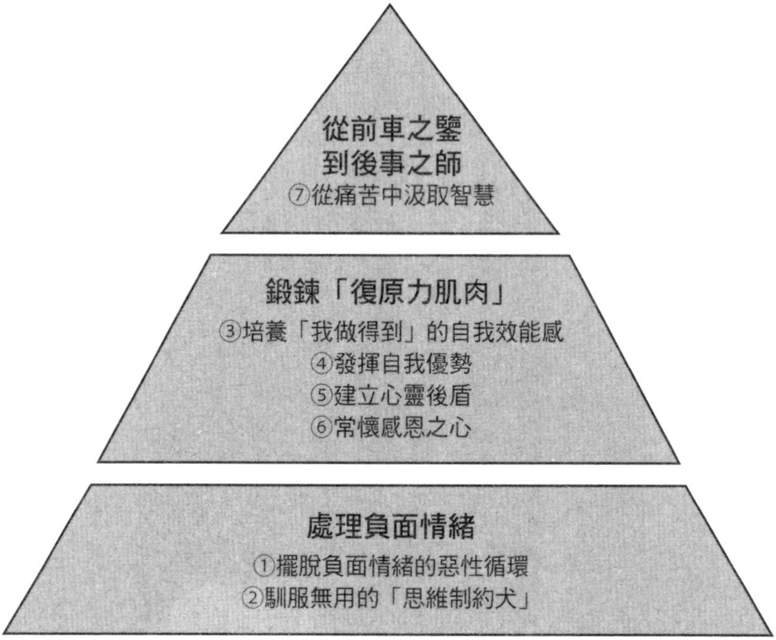

鍛鍊「復原力肌肉」，就要培養抗壓韌性的第三到第六個技能。第三個技能是培養「我做得到」的自我效能感。第四個技能是發揮自我優勢，靈活運用。建立心靈後盾是第五個技能。第六個技能是常懷感恩之心。最後是從痛苦中汲取智慧，獲得成長。這些就是掌握抗壓韌性所需的七大技能。如圖中③處所示，是將前車之鑒轉為後事之師的力量。

學習七大技能之前❶——

抗壓韌性與正向思考不同

在學習七大技能之前需要知道兩件事。

前文我講過「恐懼失敗」這個問題。害怕、不安、憂慮等負面情緒會剝奪我們的正面性，但我並不是說有負面思維和情緒很糟糕，也並不認為我們必須要積極。

我希望讀者朋友們記住的第一件事就是，抗壓韌性不等於正向思考。人對未來抱有不安是理所當然的，害怕失敗也在所難免。當事情發展不順利，焦躁不安也是人之常情。強迫自己正向思考，反而有違常理。

其實，感覺不安並不是什麼糟糕的事情。因為有了不安，才會有緊張感，才有可能達成目標。害怕失敗也沒關係，出於對失敗的恐懼，我們才會認真學習。你也可以生氣，有時候理性的憤怒是成就偉大成果的原動力。負面情緒有時候也會產生正面的作用。

但是，前提是我們沒有被這些負面情緒牽著鼻子走，陷入不良迴圈中。因此，在培養抗壓韌性的過程中，要重視三種態度。

◆正視現狀

◆靈活地認識問題

◆合理地思考

一些人陷在不安、恐懼、憤怒等負面情緒中時，容易誇大自己失敗或倒楣的體驗，固執地認為自己束手無策，不去解決問題而是選擇退縮放棄。

而有些人能正確地認清現狀，靈活機動地考慮對策，並且帶著理智行動。從結果上來看，這的確是積極的行動，不過這種思維方式與過度幻想的樂觀或毫無根據的正向思考不一樣，而是一種腳踏實地的態度。

根據我的經驗，我可以自信地斷言，任何人都能透過學習，掌握彈性大、韌性強、靈活度高的心理素質。抗壓韌性適用於各種年齡層，事實上，我親眼看到很多兒童和成年人都成功掌握了這種能力。

而且我可以很確定地說，一旦掌握了抗壓韌性，無論是工作方式還是生活方式都會發生翻天覆地的變化。抗壓韌性的效果是非凡的，只要敢於踏出挑戰新事物的第一步，無論是工作還是人際關係都會迎來轉機。

不論是個人或團體，我希望每個人都能具備抗壓韌性，幸福而充實地工作、生活。

學習七大技能之前❷──

理解失敗

我們在學習抗壓韌性的七大技能之前，還要理解另一個問題：失敗。

無論誰都討厭失敗，誰都想避開失敗，但無論是工作、學習還是運動，失敗都如影隨形。

古人常說「失敗為成功之母」「只有大失敗過的人才能獲得大成功」，但是，不可否認，失敗是不愉快的體驗。連續的失敗、失誤不僅會給他人帶來困擾，還會讓人在公司失去立足之地，在還沒取得成功之前，就精神受挫。

正因為失敗會降臨到每個人頭上，為了讓遭遇危機時不慌張焦躁，所以需要事先做好心理準備。為此，我們要瞭解經歷過失敗後，我們的身體和精神會有怎樣的反應。

所以，在介紹抗壓韌性訓練法前，我想在序章的第二部分就「失敗」進行詳細的說明。只有真正瞭解「失敗」，才不會懼怕「失敗體驗」。這是學習抗壓韌性前必須掌握的預備知識。

Part.2 理解失敗才能不害怕失敗

失敗後滋生的負面情緒很危險

當面對重大失敗時，我們往往會慌張不安、思緒停止轉動，喪失了冷靜思考問題的能力。滿腦子都是「這次失敗都是我的責任」「給別人造成麻煩很愧疚」等自責的念頭，而這個時候恐懼、不安、罪惡感、憂慮、羞恥心等負面情緒就會乘虛而入。

負面情緒會影響我們的行動，比如恐懼情緒會引發逃避行為，不安情緒讓我們為了避免更多的失敗而不敢做新的挑戰，罪惡感推動我們向受影響的人謝罪，憂慮會讓我們陷入封閉自我的行為。

而羞恥心則是特別值得日本人注意的負面情緒。從某種意義上說，羞恥心是日本人的美德，不過一旦超過界限，羞恥心就生根發芽，變得頑固起來，以至於讓人避免人際交往，並且自覺低人一等，變得唯唯諾諾。

失敗是無可厚非的。失敗的真正問題在於失敗之後我們會陷入負面情緒而無法自拔。一旦失敗的經驗過多，就會對無力感和疲倦感習以為常，我們稱之為「習得性無助」。

「習得性無助」會引發離職危機

我們會在反反覆覆的失敗中，無意識地「習得」無力感。問題是，這種無力感還會擴大蔓延。

比如說，工作進展得不順利，就會認為自己在其他領域也會失敗；跟某人的關係出現裂縫，就覺得自己也會和其他朋友同事相處得不好；工作失誤受到上司批評，就會覺得周圍都在對自己指指點點。這是一種受害者意識。

這些想法都是誇張的、具有嚴重破壞性的負面情緒。一旦一個人在某個領域感到無能為力的話，這種悲觀感就會波及其他事情，讓他精神陷入谷底。

我個人認為，年輕員工擅自缺勤、拒絕上班，中老年人實踐動力的喪失，員工的憂鬱症等，各種職場問題都源於這種無力感。在這種無力感的支配下，他們的內心陷入惡性循環，並且無法從這種迴圈中掙脫出來，有可能造成離職。所以我們不能忽視這種無力感。

這些職場問題和青少年中出現的拒絕上學、閉不出戶、感情冷淡或終日無所事事的情況相比，根源相同。在學校裡，出現多次失敗後，就悲觀地認為自己將來也會一事無成，心裡滿是無力感，對任何事都表現出無能為力。

對「習得性無助」的研究

無力感是可以習得的。美國賓州大學心理學院教授馬丁·塞利格曼博士（Martin Seligman）就在進行這種「習得性無助」的研究。

塞利格曼教授是「正向心理學」的創始者之一，是在世界享有盛名的心理學者。不過他在心理學領域的研究初期，並不是正向心理學，而是憂鬱症研究的權威。

那時，塞利格曼尚未取得博士學位，還是二十幾歲的研究生。他在實驗室發現研究員正面臨苦惱：「問題出在狗身上，牠們有些奇怪，好像沒什麼活力。」

關在實驗箱裡的狗正在進行巴夫洛夫條件反射實驗，但這個實驗卻不是巴夫洛夫博士做過的鈴聲與餵食的實驗，而是讓狗學習恐懼情緒的實驗。實驗人員在發出響聲後給予狗輕微的刺激（冬季摸到門把產生的靜電程度的刺激），觀察狗會不會因恐懼刺激而跳出箱子的圍欄。

但是所有的狗都只是哼哼幾聲，還是毫無動作。狗不動的話實驗就無法進行下去，所以研究員都束手無策。

但是，年輕的塞利格曼卻領會到了不同的意思。

做實驗的狗並不笨，牠們即便為了避開刺激而跳出圍欄，還是會被抓回實驗箱再接受刺激。因為知道了一定會發生的情況，狗就染上了「放棄的習慣」，自然就不由自主地「無力」行動了。

那為什麼只有塞利格曼注意到實驗中的狗習得了「無力感」呢？

原因在於他的父親。塞利格曼的父親是一位認真到廢寢忘食的勞動者，但是正值四十多歲體能黃金期時，他的父親卻病倒了，陷入了肉體和精神的痲痺狀態。年輕的塞利格曼去病房探視父親時，經常看到被無力感壓榨的父親無比悲哀的樣子。

所以，當看到狗在實驗中出現讓人困惑的行為時，塞利格曼馬上聯想到了自己的父親。他決心挽救那些和自己父親一樣陷入不幸狀態的人，這也促使了塞利格曼發現了劃時代的心理學理論「習得性無助」。

為何某些公司的員工士氣低落

以下我簡單地說明一下習得性無助。

①有不愉快的體驗
②認為自己無法掌控改變的狀況
③悲觀地認為不愉快的體驗將會持續下去
④認為自己也無法掌控將來的狀況
⑤習得了無力感

一旦理解「習得性無助」，我們就能科學地分析，那些被稱作黑心企業的公司，是以怎樣的運作機制導致員工感到無力並失去工作熱情的。

①**交付給員工會讓他們不愉快的工作（如過勞）**
②**讓員工認為自己無法改變狀況**
③**讓員工認為將來這種不愉快的工作還會持續，並自此產生悲觀的念頭**
④**讓員工認為自己也無法掌握將來的狀況**
⑤**員工在工作上習得了無力感**

這一過程導致員工出現心理問題，身心俱疲，最終選擇離職。

現在，有愈來愈多公司甚至一部分上市公司，不得不交給退休前的資深員工一些會傷害他們自尊的工作。

以前日本人到六十歲時可以退休，現在老人年金領取年齡延長，政府開始鼓勵企業聘用員工年齡到六十五歲為止。但另一方面，如果依然讓資深員工擔任原本的職位，那麼不僅可能出現高齡者的失誤，對年輕員工的工作也有影響。公司結構也無法實現年輕化，會成為平均年齡偏高的「老齡化公司」。

這些超過六十歲的資深員工，會被分配到跟一直以來的日常業務完全不同的工作內容。有時，甚至會被隔離到其他的工作場所，單純執行勞動性的工作。

有些資深員工雖然年過六十歲，但還是老當益壯、精力滿滿。他們自豪於自己在職涯上對公司的奉獻，尤其是任職管理階層的資深員工，無可厚非自尊心也會特別強。不過，一旦超過一定年齡，資深員工還是會被迫去做一些無法發揮才能的無聊工作。這對他們來說是種讓人提不起勁的不愉快體驗。

現在日本社會的少子化與高齡化事實，更是讓這種情況雪上加霜。一直以來將員工雇用的穩定性擺在第一優先的日本企業，在對待高齡員工的問題上依然是束手無策。一旦讓資深員工太活躍，就會影響年輕員工的發展。反過來，又不能逼資深員工辭職。這個問題的解決方式在海外也還沒有什麼前例可循。如果這種矛盾狀況持續下去，勢必會有更多的資深齡員工出現心理問題。

「好的失敗」和「壞的失敗」

我們在體驗過失敗後很容易陷入惡性循環。這個惡性循環基本上會像以下這樣：

①體驗失敗後，陷入慌亂，停止思考
②開始自責，產生各種負面情緒
③不愉快的負面情緒不斷重複與加重
④迴避可能產生不愉快體驗的行動
⑤當認為自己對不愉快處境無能為力時，產生無力感

要想有效地處理失敗，就必須切斷這個惡性循環。因此，最重要的是冷靜地分析理解惡性循環的入口：「失敗體驗」本身。之所以這麼說，是因為失敗也分「好的失敗」和「壞的失敗」。

美國哈佛商學院的艾米．艾德蒙森教授（Amy Edmondson）將組織中常出現的失敗分為以下三種：

①可以預防的失敗
②不可避免的失敗
③智慧型失敗

「可以預防的失敗」是不留心、不用功造成的失敗。由於忙碌或是睡眠不足，導致注意力不足、精神無法集中而造成的粗心失誤，就是典型例子。這就需要改善人手不足的工作環境。

由於沒有按照固定步驟或慣例執行而出現的失敗，也屬於這種情況。應該徹底落實公司規定，因有意違反公司規定而發生的失敗，需要被檢討，並要求遵守。對待由於能力不足而發生的失誤或麻煩也一樣，這些失敗可以透過適當的培訓、對工作必備技術的訓練來達到避免。

醫療界的失誤和失敗攸關生死。因此，醫院都有一套可以將「可預防的失敗」最小化的系統。

我第一次聽說這種系統，是在某家綜合醫院向管理階層的護理人員進行抗壓韌性培訓的時候。那家綜合醫院的護理部門規模不輸大企業，總共有五百多位護理人員。

護理體系是傳統的金字塔型結構，以護理部主任為首的督導長、護理長等管理階層有七十多人，其下是護理師和實習護理師。作為護理部主任，不僅要有經驗，而且要有出色的領導能力。督導長等管理階層則需要具備和其他部門團隊合作的溝通協調技巧，還需要培養年輕的護理人員。

這個培訓中，管理階層首先要學習抗壓韌性訓練法，掌握「自我照顧」，然後再關照年輕護理師，完成「個別照顧」。

護理工作意義重大，成為護理師的動機也很高尚，但是很多個性老實認真的人有時甚至會壓抑自己的情緒為病患服務，到最後護理熱情燃燒殆盡，產生職業倦怠症。另外，護理工作需輪夜班，對身體及精神上也會造成莫大壓力，讓年輕護理師的離職率升高。這些也都是護理界的普遍問題。

培訓期間，我在和護理部主任、督導長一起午飯時，聽到了一個有意思的詞「跡近錯失（near miss）」。這是醫療護理領域中形容錯誤、失誤的專門用語，它指「由於即時的介入行動，而使原本可能導致意外、傷害或疾病的事件或情況並未真正發生」。

一旦忽視「跡近錯失」這種錯誤，有可能引發成「事件」，甚至造成醫療事故。所以護理師一旦出現小失誤，就必須向督導長、護理長提交「跡近錯失報告」。這個流程如果能夠正確落實，就能預防嚴重的失敗。

但是，運作這個系統還需要注意幾點。比如說，新來的護理師由於工作不熟練導致經常發生「跡近錯失」的情況。向督導長、護理長提出報告時，有的上司會嚴厲地追究責任。新人護理師就會因此感到非常自責，長久下來會喪失做護理師的信心，從而產生離職的念頭。

「跡近錯失報告」是將「可預防的失敗」最小化的絕佳機制。護理長可以利用這個機制，將「責備」轉換為「教導機會」，指導他／她從這次失敗中汲取教訓，鼓勵這位因失誤而自責的新人護理師積極向前看。實際上就有像這樣利用機制，進而培育出下一代護理師領導者的最佳實務（best practice）。而且透過分享，可以讓整個組織同樣變得更加堅實穩固。

▼ 超出自己可控制範圍的失敗

有些工作上的失敗看似「可預防」，但其實是工作流程上的問題或者任務本身難度太高造成的。這些問題的根源是不完善的工作崗位或是分配任務的上司。這種類型的失敗和我在上一節所介紹的失敗不同。

我把這第二種失敗稱為「不可避免的失敗」，它是複雜流程等環境因素造成的失誤和問題。這類失敗多數會發生在前景模糊、存在不確定性的工作專案中。

被捲入自己無法控制的問題中而產生的失敗也屬於這一類，比如工作上自己沒有決定權，而作為決策者的上司又出現了錯誤判斷，這種情況下出現的失敗就是「不可避免的失敗」。由於市場環境變化，而出現意外失敗的工作專案也不例外。

但是最重要的一點是，面對「不可避免的失敗」時，沒有必要過度自責。雖然失敗後沒有內疚的表現也許會被人認為傲慢，但是背負不必要的內疚感，並不是靈活理性並務實地觀察事物的抗壓態度。

面對這類失敗，不要把原因推到他人身上，而要靈活地看待，想想是不是由上司或環境要素本身造成的。

什麼是值得歡迎的「有價值的失敗」？

第三種失敗是「智慧型失敗（intelligent failure）」。這是美國杜克大學的西姆・希特金教授（Sim Sitkin）所創的詞彙，也可以理解為值得歡迎的「有價值的失敗」。「智慧型失敗」主要發生在實驗性的領域，比如說證明方案和設計可行的實驗，或是探求革新性知識的實驗。在這些實驗中，就算出現失敗，人們還是會褒獎一句「這次的失敗很有價值」。

新業務的開發、新產品的設計、新藥品的研製過程中經常會發生「智慧型失敗」。實驗性的專案失敗並不是什麼壞結果，這種失敗可被歸類為「好的失敗」。

我個人認為，日本企業並不像海外一流跨國企業那樣能活用「智慧型失敗」，其原因在於日本人「只要失敗就是壞事」的狹隘觀點。這種看法非常不理性、不靈活、缺乏彈性。

比如說，谷歌（Google）、蘋果（Apple）、3M等不斷推出革新性產品和服務的企業，不但不否定「智慧型失敗」，而且還鼓勵員工即便面對失敗也要勇於挑戰困難。我長期服務的寶僑也是以革新為主要成長動力的企業，管理階層自身也很認可「智慧型失敗」的價值。在寶僑擔任長達十年CEO，並於二〇一三年再次當選CEO的雷富禮（A. G. Lafley）將失敗當作寶貴的教訓。在某經營管理類雜誌的採訪中，他曾經這麼說道：

「從我的經驗中看，比起成功，從失敗中汲取經驗更有意義。所有的失敗對我的成功和進步都是不可或缺的。並且，認真從失敗中學習格外重要。（中略）失敗的對立面不是成功。有很多人將成功和失敗的關係理解為是矛盾對立的。但是我認為失敗是「值得學習」的，是可以從中汲取經驗、學習改良方法的。（中略）最大的教訓來自於最痛苦不堪的失敗。真正帶有重要見識的教訓，往往是從失敗中獲得。因此，我覺得失敗是上帝的恩賜。」（摘自《哈佛商業評論》二〇一一年七月刊）

寶僑在推出新產品前，會先在某一個地區進行試賣。我所負責的新產品開發專案，也是依照「從少產量、小規模測試中獲得大學問」的原則來活用「智慧型失敗」。

所謂的在特定區域進行實驗性銷售，做法有鋪貨給實體店鋪，播放地區限定的電視廣告、只對特定店鋪的客人發放優惠券等。並且還會設定多種商品定價，進行各種促銷方案的測試，這些都是對「智慧型失敗」的活用。因為規模不大，所以不會造成很大的損失。正是這種「在小測試中不斷累積智慧型失敗，進而產生大學問」，支撐著寶僑以革新為主要成長動力的企業文化。

和失敗好好相處的祕訣

我們在失敗時容易變得慌張急躁、內心自責，這會導致我們陷入迴避新行動的惡性循環。但是如前文所說，失敗分為三種類型，在理解到將所有失敗歸咎於自己並不是理性實際的思考方式後，我們就能更加聰明地因應失敗體驗了。

比如說，「可以預防的失敗」是沒有做好事前準備所導致的，失敗的原因在於該完成的事情沒有完成。

如果做得謹慎周密，完全可以避免這類問題和麻煩。護理師將「跡近錯失報告」作為學習和反省的手段也是出自同樣的道理，認真理解可能造成大失敗的原因，避免重複犯錯。也就是說，需要以失敗的慘痛體驗所產生的負面情緒為跳板，將失敗轉換為學習的動力。經歷過慘痛教訓後，領悟到的知識、經驗會深深地印在腦中，無法忘懷。

第二類「不可避免的失敗」是在人們捲入超出自己能力範圍的事情時出現的。失敗原因多在於情況的複雜性。工作流程、決策步驟比較複雜時，一定要三思而後行。對於「不可避免的失敗」不必感到內疚自責。這些失敗的原因大多是自己無法掌控的，背負罪惡感是不理性的行為，這跟具備抗壓韌性的人會有的理性靈活思考姿態完全不同。

罪惡感會帶來惡性循環，因此要注意不讓自己陷入下意識的內疚中。如果是「可以預防的失敗」，需要在自責的基礎上反省自身，避免造成更大的失敗。但是在「不可避免的失敗」和「智慧型失敗」中，罪惡感就會變成一種不良情緒。所以一定不要過度自責內疚。

第三類「智慧型失敗」是向新事物挑戰後產生的失敗。要從失敗中汲取教訓，轉換為經驗，促進個人成長和進步。如果將這種失敗體驗當作成長的洗禮，那我們就能歡迎並接受這類失敗的到來了。

有抗壓韌性的人不會害怕「智慧型失敗」的到來，反而會積極地接受失敗，將失敗作為鍛鍊自己堅韌性格、聰慧頭腦的機會。

我將面對失敗時的處理方法總結如下：

①遭遇失敗時，學會將其分為三類

②不必過度自責

③根據失敗種類妥當因應，積極吸取教訓

對於失敗，我就分析到這裡，想必讀者朋友也加深了對失敗的理解。我們將在下一章正式進入抗壓韌性訓練法的具體環節。

第一章

第一個技能：擺脫負面情緒的惡性循環

Escape from Negative Spiral

為了讓你掌握抗壓韌性訓練法的整體概念，我推薦從第一章開始閱讀，尤其是現在正遭遇困難、心情低落的人。不過，如果你現在狀態良好，可以從第二章之後喜歡的地方開始。每章內容各自獨立，可以按照適合自己的方式閱讀。

感覺恐懼不是問題，感覺不到才是問題

在序章中我說明了失敗、錯誤、糾紛會引起恐懼、不安、罪惡感、憂鬱感、羞恥心等負面情緒，這些失敗、錯誤、糾紛是一種不愉快的體驗，人們因為不想再度經歷，所以就選擇迴避產生這種情緒的行為。換句話說就是：

失敗→負面情緒→不愉快體驗→迴避會引起不愉快體驗的行為。

這就是「迴避行為」這種消極態度的生成機制。

我們也解釋了失敗有各式各樣的情況，有些失敗是指本身可以預防但卻無法避免的失敗，有些失敗則是可以成為經驗的有價值失敗。

沒有什麼工作是萬無一失的。沒有必要將所有失敗的責任都攬在自己頭上。不需要對失敗恐懼過多。抗壓韌性並不是要否認這種對失敗的恐懼、對未來的不安、對於行為出錯的憤怒等負面情緒。

比如說，不確定是否能勝任接電話的工作而感到恐懼，害怕一旦出錯會被上司訓斥，對於新的計畫目標三天打魚兩天曬網，對自己也特別失望。但是，這時候出現的負面情緒並不是什麼大問題。人非聖賢孰能無過，工作出現了延遲，給別人添了麻煩等都無可厚非。反過來說，如果沒有出現什麼負面情緒的話，有可能是情緒壓抑或是感情麻木等不健康的反應。

另一方面，我們也發現在一些勵志書籍中，那些所謂正向的思維方式往往將負面情緒看成是「不好」的情緒。「不應該憤怒」「應該抑制自己的恐懼」的觀點在這種書籍中隨處可見。它們認為有負面情緒的人就是精神上幼稚不成熟，是低人一等的。

然而，沒有負面情緒的人也並不一定積極性強，也不一定有堅韌的內心，反而比較像是不帶感情的機器人。人有七情六欲，如果面對所有事情都積極熱情，總是笑臉迎人的話才讓人覺得奇怪吧。不論是人生還是工作，本來就是有時順境有時逆境。

走自己的路被稱為「真實的生活方式」。這種生活方式不是壓抑自我情感的日本傳統生活方式，而是懂得傾聽自己內心的聲音，率真從容地生活。

負面情緒會反覆出現

在抗壓韌性中，在遇到失敗和困難後出現負面情緒時，應該接受這些情緒，而不是忽略或壓抑它們。我們稱之為「情感認知」。

我想日本人的情感認知技能掌握得還不充分，其中一個原因就是日本的學校教育並不重視情感的學習。

而在歐美，提高情感調節能力的課程（SEL／SEAL）（Social and Emotional Learning，社會情緒學習。Socia and Emotional Aspects of Learning，社會情緒學習領域）早已被引入學校。在亞洲，新加坡也在幾年前將ＳＥＬ引入當地所有學校，對學生進行情感教育。實際上，如果缺乏情感認知和情感調節能力，有可能會引發霸凌事件、青少年不良行為、憂鬱症年輕化、兒童暴怒症、家庭暴力等問題。如果出現負面情緒時人們能夠適切地接受，就可以在陷入消極迴圈之前得到正確的處理。

為什麼這點非常重要呢？這是因為負面情緒會反芻，也會引起一些負面行為或高血壓、心臟病等威脅身體健康的病症。

問題不在於出現了負面情緒，而在於「感情會反芻」，會過度反覆，讓我們陷入負面情緒的惡性循環中無法自拔。

比如說，當有人對我們撒潑耍賴、虛偽說謊、出言中傷或是強人所難時，我們感到憤怒是非常自然的。不過，如果被這種感情籠罩，憤怒情緒在自己身上反芻，憤怒就會變成憎恨和厭惡，而自己又會在這種情緒下痛苦不堪。

▼出現負面情緒就要馬上解決

在抗壓韌性訓練中，出現工作問題紛爭或人際關係摩擦等困難情況時，首先要認識到這是負面情緒，然後採取一些讓自己心情變好的方法，以防止負面情緒的反芻。這樣才能妥當、正確地處理棘手的負面情緒。最終能夠防止不安和恐懼心理的反芻，養成有效的日常習慣。方法有以下四種：

①**運動**
②**呼吸**
③**音樂**
④**寫作**

這些都不是特殊的方法，而是有實證研究基礎，執行起來簡單便捷且有效的方式。每個人都可以按照自己的愛好，選擇一個符合自己工作、生活方式或價值觀的方法。

最理想的進行時機就是當工作中產生強烈壓力或是出現負面情緒時。不過，現實中在工作場所不可能有這種餘裕。那麼為了防止不安情緒反芻或蔓延，請在我接下來要介紹的「鬱悶排解法」中選擇合適的一種，在工作結束後馬上進行。另外，切記不要把工作壓力帶回家。不將今天的問題拖到明天，這也是保持身心健康的好習慣。

在現在的養生熱潮中，身體的健康備受關注，關注心理健康的人卻寥寥無幾。這多半因為心理問題和身體問題不同，是眼睛看不到的，所以進行自我心理管理的人也不多，但是，心理和身體密切相關，想要擁有健康的身體，就要更多關注留意心理的健康狀態。

在工作上出現的壓力或是負面情緒不能帶回家，並且要盡早消除，養成這樣的習慣才能確保晚上的好眠。睡眠對我來說是非常重要的事，所以我養成了不讓不好的想法或感覺「過夜」的習慣。

負面情緒和壓力要在當日解決，這樣晚上才能安穩入睡，隔天早上才能神清氣爽地迎接新的一天。這種良性循環在抗壓韌性訓練法中是非常重要的一部分。

商務人士就宛如馬拉松選手一般。商業是場持久戰，職業生涯會長達幾十年，成功的商務人士之所以需要抗壓韌性，也是為了避免自己半路放棄或是直接棄賽。因此，商務人士必須改掉這種會引起負面情緒反芻、浪費寶貴精力的壞習慣。

消除壓力的「運動」鬱悶排解法

排解鬱悶的第一個方法就是運動。這裡的運動包括具有一定節奏的體操、舞蹈、游泳、慢跑、散步等項目。

這些都是有氧運動，可以有效提高身體健康。而且它們還有助於減低壓力，消除不安情緒。

因為運動會使人體分泌出號稱「天然靈藥」的腦內荷爾蒙腦內啡。也有研究結果證明，它也有利於改善憂鬱症的症狀。

某項研究招募了幾位年齡在五十歲以上並被診斷為有早發性憂鬱症的男女患者，研究人員把他們分為三組後開始進行研究調查。第一組患者需要堅持四個月有氧運動，每周進行四十五分鐘的散步或慢跑，第二組患者需要服用四個月的憂鬱症處方藥，第三組則運動和吃藥同時進行。那麼四個月後結果會如何呢？

四個月後，研究人員發現，每組成員的憂鬱症狀況都有所好轉，而且幸福感、自尊心也提高了。這證明運動也能達到抗憂鬱症藥物的效果，但是運動的成本遠比藥物治療法低。

但是研究結果並沒有到此結束。更讓人驚訝的是六個月後的情況。追蹤調查的結果發現，運動組患者的憂鬱症幾乎沒有復發過。而另外兩組為了防止復發，則必須長期服用藥物。其他的研究也證明了運動帶來的各種好處。

- 預防糖尿病、大腸癌等疾病
- 增強骨骼、肌肉、淋巴，提高生活品質
- 改善睡眠
- 防止肥胖
- 散步等對身體負擔較小的有氧運動，可讓人恢復自信心，且效果長達五年
- 活化大腦皮質前額葉（進行思考、抽象化、哲理思索等高階認知的區域）
- 改善大腦血液循環，防止腦中風
- 增加成長要素BDNF（腦衍生神經滋養因子），保持大腦神經元健康
- 促進神經生成（能夠生成新的大腦神經細胞），有助於大腦年輕健康化

除此以外，運動還有很多心理效果，例如打網球可以有緩解憤怒和撫慰挫折心理的

效果，將對手打過來的網球狠狠地打回去，焦躁的情緒也隨之發洩了。其他類似的運動可達到的心理效果還有：

- 游泳能夠保持平穩情緒，減少不安感
- 柔道、空手道等武術能改善憂鬱情緒
- 馬拉松、柔道可以提高自信
- 團體運動可以減少孤獨感，提高社交能力
- 徒步旅行可以接觸大自然，提高意志力
- 舞蹈可以刺激想像力，為平凡的生活帶來超凡的感覺

▼ 生氣時離開公司，進行快走散步

容易焦躁的人適合散步，其中也包含快速走路的「快走散步」。這項運動也是國外醫生和臨床心理醫師向易怒患者推薦的簡易運動。

人在散步的時候，原本紊亂的呼吸會在不知不覺中穩定下來，呼吸節奏變得又深又長又慢，身體機能被啟發，情緒也變得穩定，心情也會舒暢起來。再加上集中精神觀察周圍的自然環境時，大腦會擺脫憤怒的記憶，可以防止憤怒的反芻。

散步也有助於做好進行冷靜思考的心理準備。反省自己「為什麼心情會不好」「為什麼如此生氣」，有利於人們從咬牙切齒的狀態中冷靜鎮定下來。

散步的地方沒有什麼限制，但是最好不要在街上，而要在植物茂盛的地方散步。這被稱為「綠色運動（green exercise）」，我們已知與大自然接觸，可以達到減壓的效果。

如果憤怒的情緒無法抑制，那麼首先就是離開現場去「快走散步」。如果在工作崗位上生氣的話，就要馬上離開辦公室，去外面散步。離開生氣「現場」也就是離開生氣「對象」。如果一直盯著對方的臉，例如強人所難的上司或懶散馬虎的部下，很容易會更加生氣，去甲基腎上腺素就無法停止分泌。

去甲基腎上腺素又被稱為「憤怒荷爾蒙」，它使人變得有攻擊性，容易對別人惡言相向，傷害別人感情，甚至會讓人產生暴力傾向。過量的去甲基腎上腺素對身體有害，會引起血壓升高、動脈硬化、血管堵塞等問題。

心理學上將容易焦躁、沒有耐心的人歸類為「A型性格」，A型性格的人罹患腦中風、心肌梗塞的風險很高。原因就在於「憤怒荷爾蒙」的過度分泌會導致血管收縮、血流變慢。

另外，去甲基腎上腺素會引起百病之源：活性氧物質的生成，它會損害基因，製造老化物質，使人容易患上癌症等成人病。

那麼，有害物質去甲基腎上腺素一旦產生，會往哪裡去呢？

它會抵達的目的地是肝臟。肝臟號稱「人體的化學工廠」，連去甲基腎上腺素這種有毒物質都能安全處理掉。但是，肝臟的處理能力也是有上限的。那些經常發怒、情緒焦躁的人容易產生過多的去甲基腎上腺素，導致肝臟疲勞。

人們常說從臉色可以看出內臟的問題。易怒、嗜酒過度的肝臟會很脆弱，臉色就呈紅黑色。據說古時的名醫會藉由觀察面色診斷內臟疾病予以施救。紅黑臉色的人，易怒的可能性很高。

一旦發生紛爭，心情焦躁的話，為了不傷害對方，也為了保護自己的健康，請馬上離開現場去「快走散步」。去甲基腎上腺素在體內徘徊，肝臟處理它需要九十秒左右。只要去散步，保證在這九十秒內不再發怒就好。

▼沉浸在好音樂中的「音樂」鬱悶排解法

排解負面情緒的第二個方法就是音樂。如果能使自己沉浸在音樂世界中，無論是演奏樂器還是聆聽音樂都可以。

音樂會為我們的大腦帶來驚人的正向影響。人們透過MRI等核磁共振掃描大腦的調查發現，音樂可以啟動大腦中對愉快性刺激起反應的區域。

實際上，聆聽音樂時，感情會變得高亢，身體會分泌出「快樂荷爾蒙」多巴胺。多巴胺可以將負面情緒轉換成正面情緒。音樂無論是緩解壓力還是幫助長期治療的患者，都是有效的方法。事實上，音樂治療法本來就存在。

不過，需要特別留意那些龐克或重金屬搖滾等節奏激烈的音樂，它們會促進分泌的是憤怒荷爾蒙去甲基腎上腺素，而不是快樂荷爾蒙多巴胺，有時也會讓人有攻擊傾向。在想療癒疲憊心理時，莫札特這類古典音樂比較合適。不過，為了排解鬱悶，防止負面情緒反芻，最好能夠選擇能夠讓人可以愉快地沉浸其中的音樂。

說起來有點不好意思，我非常喜歡三人樂團「生物股長」，心情不好或工作疲累的時候，一定會聽他們的歌。現在這個熱門樂隊的精選專輯已獲得百萬銷量，他們擅長創作以「日常生活中的小確幸」為主題的歌曲，光是聽聽歌詞心情就會非常好。

除了聽音樂外，演奏音樂也有排解鬱悶的效果。我的兒子喜歡吉他，放學後會去跟他的墨西哥籍吉他老師上課。每天睡前他都會自己練習彈奏吉他二十分鐘，不管當天作業寫到多晚，都會練習。對他來說，彈吉他已經成為他消除上學一整天的疲勞和壓力的重要習慣。

大家可以試著養成一個小習慣，把自己喜歡的、可以排解鬱悶的歌曲存在手機裡，想平衡心情的時候就聽一下歌曲。如果小時候曾學過樂器，也可以再重新養成玩樂器的習慣。

步入社會後，很多人就不再接觸音樂。以前總是隨身聽不離手，現在只有開車時會聽到廣播播放的歌曲而已，人們從主動接觸音樂轉為被動接觸，實在非常可惜。

隨著年齡的增加，想要保持年輕的心，就要把好聽的音樂引入自己的生活。音樂不只是青少年的專屬品，有時沉浸在音樂的世界裡，可以讓自己每天的生活都幸福充實。

呼吸和情緒的密切關係

第三個排解負面情緒的方法是「呼吸」。

你是否知道呼吸與情緒有著密切的關係？我們常說「驚訝到說不出話來」。當遇到高壓所帶來的重大衝擊時，我們會連呼吸都停止了。因為無法呼吸，所以也無法開口說話。「歎氣」是情緒憂鬱的表現，但當我們心裡的石頭落地時，會「呼」地吐出一口氣。安心的情緒和呼吸有著密切關係。

情緒糟糕時，呼吸也會紊亂。特別是負面情緒來襲時，呼吸就會變成又短又淺又急。下次遇到怒氣衝衝的人時，記得觀察一下，你可以發現他的嘴唇就像金魚一樣大口開合，幾乎沒在吸氣，有時候甚至會陷入輕微窒息。

當我們不安時，就會感到胃收縮般的不愉快感。這時，反覆深呼吸可以排解這種不舒服的感覺。因為人們一旦籠罩在不安情緒中，往往就會自然變成短促的胸式呼吸了。

呼吸也有好壞之分，好的呼吸又長又深又慢，也就是平常的腹式呼吸。壞的呼吸是指又短又淺又急，就像狗的呼吸方式一樣。狗一般是張口呼吸的，但在張口呼吸時很難深呼吸。深呼吸最好是透過鼻子吸氣和吐氣。

烏龜的呼吸法或許很值得我們參考。烏龜就是用鼻子呼吸的，牠的呼吸又深又長且非常平穩，也不會出現氣息紊亂或呼吸不連貫。我們經常說「千年烏龜萬年鶴」，烏龜就是長壽的象徵。呼吸平穩，情緒也跟著平穩，想必是因此才能長壽。而狗的呼吸短促，所以一般會說「狗齡」是人類年齡的七倍。

當人呼吸舒緩、精神穩定時，大腦就會分泌出被稱為「抗壓秘藥」的血清素。血清素的別名是「幸福荷爾蒙」。它有鎮定大腦、產生幸福感、降低壓力的功效，並且可以抑制不安焦躁，減少失眠，甚至預防憂鬱症。實際上它也是抗憂鬱藥品的重要成分。

有些人在開始冥想或練習瑜伽後，心情就會變平穩。其實多數是因為這種荷爾蒙可以從身體內部療癒自己的緣故。而且這種練習也促進了血清素的生成。

隨時隨地讓心靈平靜的呼吸法

透過撫平負面情緒，可以抑制其反芻，擺脫惡性循環，這就是我介紹這種呼吸方法的目的。實際上，有各種各樣的呼吸法。呼吸法本身就是每個人無論何時何地都能免費進行的練習，所以從古時候開始，利用呼吸取得心情平穩的方法就備受關注。

呼吸法種類很多，既有適合初學者的簡單方法，也有針對進階者的複雜方法。我想向大家介紹的是針對初學者的「專注式呼吸法」，這種呼吸法已經被證實有減壓效果，非常受到歐美商務人士歡迎。在工作當中不想出現負面情緒時，它是一種很有效的方式。

另外，在日常忙碌的生活中，心情渙散無法集中或是感到煩躁不安，也就是剛陷入負面情緒的惡性循環時，也可以利用這種呼吸法。如果在精神上陷入不斷低落的迴圈之前活用呼吸法的話，是可以輕鬆地找回快樂的。

【專注式呼吸法】

- **舒服地坐在椅子上，放鬆脖子和肩膀**
- **挺直後背**
- **閉上眼睛，將注意力集中在呼吸上**
- **吐氣時，感覺把壓力一起釋放出去**
- **吸氣時，想像將能量一起吸收進來**

‧感覺恢復精神後，回到工作崗位上

專注式呼吸法就這麼簡單。不過當中還有幾個小訣竅，現在也介紹給大家。

當坐在椅子上時，注意肩膀和腰不要太用力，脖子和背要挺直。背部也不要依靠任何東西。這種姿勢可以展開胸部，放鬆腹部，有助於動態地呼吸。

吸氣吐氣主要都用鼻子。空氣由鼻子吸進後，橫膈膜向下頂，使空氣充滿肺部。之後橫膈膜向上，肺部的舊空氣通過鼻子被送出。這個過程中腹部是先鼓起後收縮的。腹部上下運動，所以是「腹式呼吸」，正式名稱為「橫膈膜呼吸」。

在呼吸的節奏上，注意不要紊亂，不要淺，需要深長緩慢的「龜式呼吸」，提高呼吸品質，可以逐漸撫平負面情緒的反芻。產生激烈情緒時，要先有意識地控制急促的呼吸。當心情平穩後，逐漸調整為平靜的呼吸節奏。

發現自己有憤怒、恐懼、不安等負面情緒時，首先調整呼吸，平復情緒。這種初期的因應處理會對以後產生很大影響。

▼用寫作緩解壓力

接下來要介紹的方法是「寫作」，其中包含自由書寫、反省式的書寫、寫日記等寫作練習。

將自己心裡的情緒、想法或某些模糊的感受表現出來，可以把負面情緒從自己的大腦和身體排解出來，達到冷靜下來的效果。以此研究為基礎，一般心理諮詢師也會推薦憂鬱症患者寫日記。

喜歡寫日記和寫信的人就很推薦使用這種方法。人如果可以專心做自己喜歡的事情，沉浸在自己的世界裡，就會忘記時間，不再感到疲倦。無論在心理上還是情緒上都有很好的效果。

當專心地沉浸在某件事當中時，我們就不再感到喜悅或痛苦。若要回想當時的情況，會覺得「自己當時雖然沉浸其中，不怎麼記得了，但是要形容的話還真是愉快的體驗」。這種心理狀態被稱為「心流」。

「心流」的命名者，就是從事了三十多年心流理論研究的正向心理學之父米哈里·契克森米哈伊博士（Mihaly Csikszentmihalyi）。

他曾經大膽地做過一個大規模的調查，調查對象包括藝術家、科學家、運動員、企業家、僧侶及修女、登山家、牧羊人等從事各行各業的人。他問這些人：「如果你的工作不能為你帶來財富和名聲，那麼你用一生去投入這工作的價值和意義是什麼？」

在這項調查中他發現，這些人都有個共同點。雖然他們的工作內容各不相同，但是當沉浸在自己喜歡的工作或活動中時，他們都會處於一種忘我的精神狀態。有過這種體驗的人都證實說「自己彷彿進入了一種自然運轉的狀態」。契克森特米海伊博士便將這種體驗命名為「心流」，意思是指「意識毫無停滯地流動的體驗」。

無論年齡、性別、職業、文化背景，每個人都可以體驗這種「心流」。

例如，如果是作曲家，他會專注於把腦中湧出的旋律填在樂譜上；如果是運動員，他的能量從內在湧出，能讓他預測到比賽的變化和對手的動作，完全不會有服輸之心；如果是舞蹈家，音樂和自己融為一體時，他／她眼中將看不見觀眾，而將自己完全交給舞蹈的旋律。

在企業裡工作也能體驗到「心流」。

實際上，在工作中人們更能頻繁地感受到「心流」。尤其是那些有幸從事能發揮自我最大潛能的工作的人，他們常常忘記時間，沉浸在工作之中。只要條件具備，完全有可能在自己的工作崗位上感受到「心流」。

我寫書的時候，還有準備講課用的簡報時也總是沉浸其中。在我還是年輕上班族時，也經常使用Excel來統計資料，那時候也常常體驗「心流」。當我把這件事情告訴妻子時，她直說不敢置信。這是因為每個人會專注投入的事情不同。

妻子說，自己做料理的時候會進入「心流」狀態。而我不擅長一邊處理複雜的備料一邊熟練地做料理，所以做不到專注。在我的學生當中，有在替客戶公司做結算核實時會進入「心流」狀態的會計師，這真是做到最適合他的天職了。

據說有一位本田汽車的工程師，他在進入公司不久就得到上司允許，可以自由設計車體。他廢寢忘食，每天都坐在桌子前全神貫注地畫設計圖。有一天，他在辦公室裡聽見鈴響後，想著「午休時間到了」便抬起頭來，卻發現很多同事走出了公司，那時候他才發現自己從早上一直做到了傍晚，居然沒有感到飢餓，不覺得疲勞，甚至忘記了時間。

而像我一樣喜歡寫作的人可以藉由書寫來體驗「心流」。寫作可以消除壓力，排解負面情緒，抑制心靈能量耗損，引導我們走向充實的人生。

無論運動、呼吸、音樂或寫作，都可以排解鬱悶。制止失敗和痛苦體驗後產生的負面情緒反芻，就可以擺脫惡性循環。

這是抗壓韌性最基本的第一個技能。

總結

第一個技能　擺脫負面情緒的惡性循環

Escape from Negative Spiral

不安、恐懼、憤怒、憂鬱等負面情緒會出現在失敗體驗和困境降臨時。如果負面情緒反反覆覆，就會陷入惡性循環而難以自拔。因此將以下四種有效排解鬱悶的方法教給了大家：

①運動②音樂③呼吸④寫作

沉浸在自己的世界中，忘我專注的「心流」有利於切斷負面情緒的惡性循環。

第二章

第二個技能：馴服無用的「思維制約犬」

Challenge Your Hidden Belief

刺激與反應之間藏有幸福的鑰匙

「一天，我去了辦公室附近的大學，在圖書館堆積如山的舊書堆中漫步。其中一本書引起了我極大的興趣。我從書架上抽出它來翻閱，目光停在一個章節上。然後，我就遇到了一篇讓我此後的人生大大改變的文章。

我反覆地咀嚼著這篇文章。文章不長，主要闡釋了這樣一個簡單的理念：刺激與反應之間存在著一段距離，成長和幸福的關鍵就在於如何利用這段距離。」

這就是史蒂芬・柯維博士（Stephen R. Covey）的暢銷書《與成功有約：高效能人士的七個習慣》裡的一篇文章，它講述了柯維博士執筆該書的契機。當時，柯維博士是大學教授，他長年任教，終於有了去夏威夷休假的機會。在夏威夷，他有時與家人在美麗的沙灘上散步，有時和妻子在大自然中騎自行車。一邊回首過去，一邊思考自己今後該如何工作如何生活。

有一天，他偶然遇見了一本書。這本書的作者是曾被送進納粹集中營卻奇跡般存活下來的精神病學家維克多・法蘭可（Viktor E. Frankl）。書中的一句話改變了柯維博士之後的人生。

「刺激與反應之間存在一段距離，而我們的成長和幸福的關鍵就在於如何利用這段距離。」

我們失敗或是面臨困難時，就會受到負面刺激。這種刺激會自動引起反應，這就是所謂的刺激和反應的機制。

例如，遇到塞車時，有的人會焦躁不安，發脾氣。如果突然有車插到前面，就會不由自主地火冒三丈，按喇叭抗議。如果這種焦躁持續，又會把火氣發到政府身上，責怪政府沒有有效率地建造道路。即使和家人同行，也沒心情跟家人聊天。雖然知道這是乾著急，但還是無法擺脫焦躁的情緒。

曾經發生過這麼一段意想不到的狀況。我的新加坡朋友在年底時來日本跨年。很多新加坡人很喜歡日本，因為日本有很多新加坡沒有的東西，例如雪、溫泉、神社和迪士尼樂園。

朋友的旅遊路線很豪華，耶誕節時去了東京迪士尼樂園，除夕去了奈良，新年的時候去了京都的神社參拜。他最後要從成田機場搭機回新加坡，於是要從京都搭新幹線去東京。這時狀況出現了，新幹線停駛。

停駛的原因是東京的有樂町車站附近發生了火災。朋友不得不在京都站等了四個小時，抵達東京後急急忙忙地趕去了成田機場，等到了機場發現已經趕不上飛機。雖然航空公司好意地為他免費更換了隔天的機票，但是卻沒有地方可以過夜。正逢新年假期，飯店都客滿了。最後我的朋友只得在機場大廳裡過了一晚。

一旦出現意外事件，我們多數人都會自動產生負面的反應，這種反應被稱為「自動導航」。就像飛機的自動操作一樣，不愉快的體驗帶來的刺激會自動引發負面情緒或沒有反應。

陷入塞車車陣時會焦躁，沒趕上電車、公車會後悔，考試不合格會灰心喪氣，重要工作失敗時會不安。負面體驗造就了負面情緒。

▼面對困難也不畏懼的人

面對同樣的狀況，不同的人會有不同的反應。有的人即使遇到塞車也會平靜地邊聽音樂邊等待，有的人在工作上出現失敗，或是沒趕上電車時，也會坦然接受這個事實，不為其苦惱。

我的朋友就是這樣的人。即使新幹線停駛，沒趕上飛機，他和他的女朋友完全像在玩心驚膽跳的遊戲般覺得很開心。

因為找不到飯店而不得不在機場大廳過夜時也是一樣。那天，機場大廳裡也有其他因有樂町火災而沒搭上飛機的人。在冷清的大廳裡大家邊喝啤酒邊嘰嘰喳喳地聊天。

不久警衛就來了，大家被迫移到比較不顯眼的大廳角落。但是他依然很享受這種在機場大廳熱鬧聚會的特殊狀況。他回憶起這次狀況時總是說，那是他在日本旅行中最寶貴的回憶。這讓我印象極其深刻。

面對同樣的體驗，不同的人會有不同反應。遭遇負面體驗時，有的人負面以對，有的人沒什麼反應，有的人則予以正面反應。為什麼會這樣呢？

答案就在柯維博士從偶遇的書中領悟到的「掌握成長和幸福關鍵的這段距離」之中。

體驗會因每個人的有色眼鏡出現不同解釋

當出現困難或意外狀況時，我們就會進入自動導航的思考模式，自動地做出反應。但是仔細觀察心理內部情況時，我們會發現不由得進入了自問自答「為什麼這種事情會發生」的思考過程。因為這個思考過程是瞬間出現的，所以我們自己都沒有意識到。

自問自答的內容是由過去的經驗所構成的。我們將其稱為信念、意見、解釋，或經常說的「想法」。這個想法因人而異，同樣的體驗會經過有色眼鏡的過濾後來解釋現實體驗。所以每個人的感覺、行動等反應就會出現不同。

不同的人會有不同的有色眼鏡，雖然有相同的體驗，但是有的人看見了積極明亮的色彩，有的人看見了消極灰暗的色彩。開發理情行為治療法（REBT）的心理學家阿爾伯特．艾利斯（Albert Ellis）將這個思考過程命名為「ABC理論」。

- A（adversity=困境）表示出現困難的狀況
- B（belief=信念）表示自己對該困難狀況的認知
- C（consequence=結果）表示我們作為反應的感受或行為

ＡＢＣ理論表示一連串的思考、情感、行動模式，問題發生時，問題的刺激和資訊就會受到我們信念、思維方式的「有色眼鏡」的詮釋，其詮釋的結果又會引起某些感受和行為。也就是Ａ引起Ｂ，Ｂ又引起Ｃ。但是，如果可以活用「ＡＢＣ理論」的話，我們面臨麻煩失敗時，就能一瞬間明白將要發生的這一連串的過程。

在抗壓韌性訓練中，我們將使用次頁的「思維制約運作表」來練習這個過程。為了更簡單直接地瞭解「ＡＢＣ理論」，這個思維運作表由「體驗→思維→反應」的順序簡單組成。

我來介紹幾個例子，這些例子都是我實際體驗過的。

事例❶ 病房中聒噪的鄰床

我有一次在國外的家裡不慎從高處跌落，傷到膝蓋。膝蓋嚴重腫脹，腿部無法彎曲。醫生診斷是我的膝蓋骨出現裂縫，造成出血、瘀血，必須住院一天做手術。

其實也不是什麼大手術，沒有麻醉，只是將有點粗的注射器插進膝蓋內側抽走其中

■思維制約運作表

體驗	

↓

思維	

↓

反應	

的瘀血而已。手術很快就結束了，最後只是在抽血的地方貼上ＯＫ絆就完成了。實在不懂為什麼我必須要住院一晚。

那個國家由於沒有國民保險和醫療點數制度（日本的醫療制度總原則是「同醫同價，同藥同價」。全國醫院的就診費、治療費、住院費和藥費等，不分醫院規模、醫師名氣，以縣為單位統一定價。定價權由相當於衛福部的厚生省決定），所以醫生可以自由決定醫療費用。因此，不同的醫院等級，收費也天差地別，醫生也會根據患者的情況收取不同的費用。不怎麼抱怨的日本患者更是他們的最佳收費對象。如果住院的話，醫生可以收取高額醫療費，所以醫生一定會推薦病人住院。這是一個有點仇富心態的朋友對高收入的醫生行業的看法。

不管怎麼樣，院是住了，問題是同病房鄰床的病人非常吵鬧。雖然同病房不得不將就一下，但是他總是把電視的音量開得很大，跟探病的家人大聊特聊。這種情況持續的時間還不短。

我自己認為病房就應該是安靜的地方，所以當時非常受不了。本來想看書打發時間，卻被吵得根本讀不下去，只感覺隔壁病床的聲音愈來愈大，愈來愈聒噪。

如果將這次狀況整理成思維運作表的話，就是下面這樣：

【體驗】住院一晚。隔壁的病人很吵鬧
【思維】吵吵鬧鬧的鄰床真煩人
【反應】生氣、焦躁、失眠

我自動產生了憤怒的情緒，自動導航的按鈕開啟了。原因在於都怪吵鬧的鄰床的這種「思維」。

後來問了一下護理師我才知道，旁邊住院的孩子有聽力障礙，而且他即將做大手術，因此家人和親戚會來探病，鼓勵焦躁的孩子。電視聲音很大也是因為父母想要轉移孩子的注意力。

我瞭解這個情況後，焦躁感立刻消失了。「隔壁的人真不好」的想法也消失了。相反地，我變得很同情那個小小年紀卻要住院做手術的孩子。

事例❷　心情不好的上司

這是我進入社會的第一年在公司裡發生的事情。那天，平時總是親切地和我打招呼的上司突然從早上開始就沒看過我一眼，好像無視我一樣。

我感到非常不安。他是不是因為上週末要我提交的報告交晚了而生氣的？是不是不滿意我的工作情況，要給我點顏色看看？是不是跟別人比起來我進步太慢了？是不是覺得我這個部下沒用，態度才這麼冷漠的？我胡思亂想了起來。

負面的猜測一次次出現在我腦中，我變得非常鬱悶，感覺自己的存在感整個縮小了。因為自己畏畏縮縮，所以工作也變得不順利起來了。將這種體驗整理成思維運作表的話，就是下面這樣：

【體驗】上司的態度冷淡，像在無視自己
【思維】懷疑自己是不是沒什麼價值
【反應】鬱悶，工作不順利

跟別人相比覺得自己很沒用，這種自卑感會產生鬱悶的負面情緒，導致工作上沒有幹勁。

其實這件事還有後續。心裡不安的我後來去找上司的秘書聊了這件事。她說：「那天上司好像跟妻子大吵了一架，注意力根本不在工作上。」原來上司的心根本不在公司，他沒什麼精力去管我的事。聽了這話，我心中的自卑感和鬱悶感也消失了。

▼思維制約和負面情緒的密切關係

如前面的事例所說，我們眼中的問題其實透過思維制約這有色眼鏡而產生了負面情緒。如果理解思維制約和情緒的關係，就可以更深刻地理解思維制約本身了。

◆「憤怒」情緒來自「權利受侵害」的思維制約

拿塞車為例。司機擁有在道路上暢通行駛的權利，但是塞車使司機無法順利前進。這種權利意識就成了產生焦躁、憤怒情緒的原因。

◆「不安」「憂慮」「恐懼」等負面情緒來自「將來會受到威脅」的思維制約

當工作截止日期接近時，擔心工作不能按照計畫推進或感到其他威脅時，人們心中就會產生不安。那些懷疑事情不會如願發展，或是目標不能如願達成等否定將來的思維，就會變成導火線，人們會就此產生恐懼和擔憂的情緒。

◆「悲傷」和「受損」思維制約有關係

不只失去實實在在的東西，人在失去眼睛看不見的東西，比如說自豪感受挫、自尊心受損時，也會悲傷痛苦。

◆「失望」是「希望落空」思維制約所產生的負面情緒

當工作不能像自己期待的一樣順利進行時，當自己辜負了別人的期待時，我們就會灰心喪氣。

◆「難為情」是由「我無法贏得他人贊同」的思維制約引起

容易害羞的人大多很在意他人的眼光。「是不是被別人嘲笑了」的這種思維會引發難為情的情緒。

◆「內疚」「罪惡感」產生於「我侵害了別人權利」的思維制約

當所有物被佔有時，我們會憤怒。當侵害他人權利時，我們會有罪惡感。

如果理解了這種情緒和思維的關係，至今為止自動回應問題的人，就可以更加理智、有意識地處理困難的意外狀況了。

所謂「感情用事的人」就是指在發生意外狀況時，衝動地處理問題的人。其原因在於對自己的思維制約沒有認知，也不理解思維制約與情緒產生的密切關係。

而與其相反的「理性的人」，並不是指失去情緒的人，而是遇到問題時不會感情用事，立刻理解該情緒產生原因的人。這樣的人能很清楚地知道自己的思維制約，熟悉思維制約和情緒的關係，所以一旦出現狀況，他們不會慌張，不會自動做出情緒反應，是值得倚靠的人。

▼住在我們內心的七隻「思維制約犬」

在抗壓韌性訓練法中，為了理解人們內心的思維制約，將其代表性的思維制約分成七個種類。並且為了讓人易於理解，分別加上了犬的名字。

【正義犬】很在意什麼是公正正確的。不輕易改變自己意見，會帶著「理所當然」的思維。「不應該這樣做」「那是不公平的、太奇怪了」「我不應該那樣做」是口頭禪。當發生不公平的事情時，會產生「生氣」「憤慨」「嫉妒」等攻擊型的情緒。

【批評犬】傾向於責難批評他人。頑固地無法改變想法。無法忍受曖昧狀態，凡事非黑即白，對事情是極端的二元思考。有「這都是他們的責任」「盡做些蠢事的人」「必須更謹慎思考地行動才行啊」的口頭禪。是「生氣」及「不滿」的情緒的原因。

【投降犬】在與他人比較時，很在意自己不足的部分。害怕被拿來與別人比較，會避免自己引人注意。「自己是沒有用的爛人」「別人比自己厲害」「這樣的事也做不到的自己很丟臉」是口頭禪。會產生「悲傷」「憂鬱感」「羞恥心」等負面情緒。

【內疚犬】發生什麼不好的事情，都覺得與自己有關。會自責都是因為自己才發生。有「會失敗都是我的責任」「都是我讓人感到困擾了」「我是個社會敗類」的口頭禪。會產生「罪惡感」「羞恥心」等自尊心及自我評價低落的負面情緒。

【憂慮犬】憂心未來的事情、擔心之後也無法順利。有如果出了什麼問題，就擔心是否會全部都失敗的悲觀思考習慣。「都做不好」「事情會變得很糟糕吧」「這個下屬沒問題嗎」為口頭禪。會產生「不安」「恐懼」等活力降低的負面情緒。

【放棄犬】不相信自己可以控制狀況。不認為事情會變好，經常做出沒有根據的決定。有「這個沒有辦法」「沒法做好」「我受不了了」的口頭禪。因為「不安」「憂鬱感」「無力感」等情緒的關係，導致行動意願低下。

【冷漠犬】抱著「與我無關」的態度，對事物表現冷漠。對未來不太感興趣，麻煩的事盡量避免。「反正就這樣吧」「著急也沒用」「我沒興趣，怎樣都可以」為口頭禪。有時會產生「疲勞感」，導致喪失對自己與周遭的欲望。

人的心靈深處都住著「思維制約犬」，有些人甚至還養著好幾隻。

為了瞭解自己的內心居住著怎樣的「思維制約犬」，我們可以活用「回饋法」，從內心「思維制約犬」的囈語中類推出自己體驗艱難狀況時容易產生的負面情緒。

如事例❶中，住院時，我非常介意鄰床的吵鬧聲，內心產生了十分焦躁的負面情緒。我一想到「在醫院吵吵鬧鬧的鄰床真煩人」就一肚子怒氣。

這就是「批評犬」搞的鬼。牠責怪鄰床，導致了憤怒、不滿等負面情緒的產生。

事例❷中，我的內心出現了鬱悶的負面情緒。腦中想著「自己是個廢物，在工作上毫無用處」，這就是「投降犬」的詭計。

「投降犬」非常熱衷拿自己和他人比較，非常介意自己的短處。我也是如此，在公司裡總覺得比不上其他同事，感到很自卑。這也是「投降犬」在作怪。

痛苦經歷烙下的思維制約

有一個關於思維制約的重要事情需要和大家說明。思維制約並不是我們先天的性格，而是後天養成的。為了更具體地描述它，在抗壓韌性訓練法中，我們將它描述為虛擬角色「思維制約犬」。

能引起負面情緒的扭曲思維中，多數都因慘痛的體驗而變得根深蒂固。比如說，小時候在家裡，經常聽母親反反覆覆地嘮叨，常被父母拿來和兄弟姊妹們做比較，上學後又被老師拿來和其他同學做比較，進入社會後持續遭遇的失敗等等。

我的其中一個思維制約「投降犬」是在高中時代的一次失敗體驗中誕生的。從那時候起，牠就一直盤踞在我心裡。

那是高一足球比賽中由於我的嚴重失誤所導致的失敗。我們學校在冬季的新人戰中

■思維制約與負面情緒對照表

思維制約犬類型	內心低語	負面情緒
批評犬	「都怪他們！」	憤怒、不滿
正義犬	「這不公平！」	厭惡、憤慨、嫉妒
投降犬	「我好沒用……」	悲哀、鬱悶
放棄犬	「沒辦法做好……」	不安、鬱悶、無奈
憂慮犬	「我不會……」	不安、恐懼
內疚犬	「都是我的錯……」	罪惡感、內疚感
冷漠犬	「怎樣都沒差啦……」	疲倦感

獲勝，順利晉級決賽。我們和對手學校基本上勢均力敵，所以以一比一的比分進入了延長賽，但是三十分鐘的延長賽中依然沒有分出勝負，所以比賽又進入了ＰＫ戰。

我對自己很有信心，比賽中的自由球和角球都是交給我發球，ＰＫ戰中我也是最後第五個主罰球員。而且我在平時的練習中也沒有失誤過，教練和隊友也都非常信任我。

當對手和隊友都罰完球後，輪到我罰最後一球了，但是我卻非常緊張，腦子裡一片空白，身體變得非常僵硬，感覺像是背著一個非常沉重的包袱。

等我回過神來時，我踢的球已經遠遠飛過守門員，超過了門柱。這是一次致命的失誤，我聽見了隊友和啦啦隊都發出了失望的聲音。不過，僥倖的是我們的守門員精彩地撲住了對手最後的罰球，我們隊取得了勝利。守門員成了最大的英雄。我雖然惋惜自己沒有成為英雄，卻十分在意只有自己在ＰＫ戰時失誤，這種自卑感深深地烙印在我的心裡。

這次失敗在我心中埋下了陰影，總覺得「自己和別人相比抗壓力太弱」「自己總是在關鍵時刻失常」。在這種思維制約的不斷反覆下，「投降犬」就在我的心中住了下來。

▼降服「思維制約犬」的方法

不過有個好消息。後天烙印的思維制約能夠有意識地被拋棄，即「反學習」（unlearning）。你的「思維制約犬」只是偶然住在你心中，只要判斷這是一隻無用的狗，就可以將牠驅逐出去。

對「思維制約犬」進行處理的對策有三個。

第一個是「驅逐」。如果你認為這隻狗在心中反覆吠叫的內容不正確，那就最好將其驅逐。

第二個是「接納」。如果你非常同意這隻狗吠叫的內容，那就接納這隻狗。

第三個是「訓練」。這也是使用得最多的方法。這隻狗吠叫的內容雖然不是百分之百正確，但也不是百分之百錯誤。這時，就要反問自己該如何馴服這隻狗並和牠和睦相處。

我進行抗壓韌性訓練時，大部分的學員都在「驅逐」或「訓練」思維制約犬。當發現到自己的思維制約毫無用處時，就解開捆綁的繩索，從一直以來困擾著自己的思維制約中解脫，重獲自由時，很多人都豁然開朗。但是用得最多的還是「訓練」。「思維制

■處理「思維制約犬」的三大對策

①驅逐	・當感覺狗的意見極其錯誤、不符合現實時 ・當感覺狗的話語可疑，無法信任時
②接納	・當感覺狗的意見正確，貼近現實時 ・當感覺狗的話語可以接受、值得信任時
③訓練	・當感覺狗的語言可以信任，但不知道是好是壞時 ・當感覺可能有其他看法時

約犬」的吠叫中雖然沒用的內容很多，但是也是有有道理的。

每個人都有自己訓練「思維制約犬」的方法。沒有適合所有人的固定方式。我的案例僅供讀者朋友們參考。

就像前文所說，我心中的其中一隻「思維制約犬」，是容易批評他人，看問題容易陷入非黑即白二元思考的「批評犬」。學生時代的我並沒有養這隻狗，直到步入社會之後牠才出現。也許是在外商企業被徹底鍛鍊「批判性思維」的緣故，我最終染上了對任何人任何事物都會進行批判性觀察的毛病。

染上喜歡評判他人的思維弊病很麻煩，因為在無意識中就會喜歡用批判的目光觀察他人。有一段時期，我居然跟人見面時，心中就會用「這個人的年薪是多少」這種數字標準來評判對方。現在看來，當時的自己真是討厭至極。

這種「批評犬」不僅會評判別人，也會評判自己。這也和我內心的第二隻思維制約犬「投降犬」有關係。牠趁著高中足球ＰＫ賽的失敗盤踞在我的心裡，夥同「批評犬」一起拿我和他人比較，批評我的弱點，消耗我的自信。

不同的思維制約犬吠聲也不同。「批評犬」叫起來氣勢洶洶。「投降犬」則嗚咽抽泣。但是相對來說，「投降犬」盤踞得更頑固，總是陰魂不散。

即便想要撫慰「批評犬」的暴躁，也是困難重重。有時候甚至會火上澆油。因此，我在「批評犬」開始狂吠時，採取置之不理的戰術。之後，退一步來觀察牠狂吠的樣子，有時會分析一下牠吠叫的內容。雖然這種二元思考多半內容比較極端，但是我先不判斷它的對錯，只是對其進行理性分析。就好像自己化身成一個好奇心旺盛的偵探一般。

這樣一來，「批評犬」的態度雖然沒有發生變化（多數是繼續狂吠），但是我的接收方式卻發生了變化，不再介意這種叫聲。而「批評犬」看見我好奇心變淡，也漸漸安靜了下來。

對「投降犬」，我採取哄小孩的溫柔戰術，就是邊安慰牠邊撫摸牠的頭。這樣做並不是為了解決問題。雖然牠哭喪著說自己不行，但也不能強行地鞭策牠。我就只是伸出溫柔的手，採取體諒的態度。這樣一來，牠經常不再哭泣了。

▼「思維制約犬」不代表原本的你

最後還有一點希望讀者朋友們記住。

能夠注意到自己內心盤踞著「思維制約犬」已經是很大的進步了。太多的人由於沒有注意到「思維制約犬」的存在，導致將「思維制約犬」的聲音當作自己真正的心聲。其實那些聲音只不過是狗在亂叫而已。

你並不是「思維制約犬」。你不是思維制約本身，只是從旁觀察著「思維制約犬」。我們心裡的想法不一定就是我們真實的聲音。有時候不過是狗在亂叫而已。

當你注意到「思維制約犬」囚禁著自己，讓自己喪失自由時，如果用實際、理性、靈活的思維馴服牠們，你就可以拉開原本的自我和「思維制約犬」之間的距離。

我去愛知縣的一個老牌企業培訓抗壓韌性幾週後，再次遇到該企業的某位部長。他說：「以前我以為負面情緒都是不好的，所以一旦出現這種情緒，我就會拚命地壓抑。但是當你教我們可以接納會出現負面情緒的自己時，我鬆了一口氣。原來沒必要勉強自己去控制情緒啊。

現在，我將「思維制約犬」的內容記錄成卡片，擺在工作的桌子上。當我感到壓力大或是心情不好時，便推測到底是哪隻「思維制約犬」在吠叫。這樣一來，不管叫聲多麼煩人，我都不再介意了。自從有了這個習慣，我就不再對部下亂發脾氣，漸漸喜歡上這樣的自己了。」

從部長開朗輕鬆地跟我談話的樣子中，可以看出他變得靈活機動，非常幸福。

總結

第二個技能 馴服無用的「思維制約犬」
Challenge Your Hidden Belief

「思維制約」是由過去的體驗所烙印的信念、價值觀。以壓力或者困難的體驗中產生的刺激為契機，思維制約能引發一連串情緒和相關行為。

思維制約分為七種類型。瞭解自己的思維制約類型，從三大對策（驅逐、接納、訓練）中選擇處理方式，最重要的是不要讓負面情緒控制了自己。

第三章

第三個技能：培養「我做得到」的自我效能感

Self Efficacy

鍛鍊從低谷向上攀登的「復原力肌肉」

在前兩章中，我向讀者朋友介紹了抗壓韌性的兩個技能，用於應對在失敗逆境裡產生的精神低落。接下來的幾章中，我要集中介紹在擺脫負面情緒反芻帶來的惡性循環後，重新振作的方法。

這也可以說是朝著高目標攀爬的階段。要想爬上陡坡就要有相應的體能。我們將這時候需要的「心理體能」稱為「復原力肌肉」。我們平時鍛鍊「復原力肌肉」的效果，也會反映在我們面對外在壓力的耐性以及克服困難的能力上。

「復原力肌肉」的鍛鍊方法分為四種。這一章中我將介紹其中的第一種。

科學地培養自信心

擁有充分的自信心、相信自己的能力，不僅是抗壓韌性訓練法的重要一環，而且也是所有從事商務工作的人必不可缺的素質。

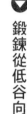

擁有滿滿自信的商務人士，相信自己有足夠的能力去完成他人期待的目標和成績。即使面對困難，他們也相信自己能夠冷靜解決、從容處理。

他們認為自己掌握了所有解決問題的必備知識。擁有這種自信態度的人，一般而言對未來都很樂觀。

但是，自信是一個模糊的概念。有些人天生就自信滿滿，但有些人很難在別人面前展現自信心。人們普遍認為自信是先天特質，是無法改變的。

因此，我要教給大家一個能夠科學地提高自信心的方法。這就是心理學上的「自我效能感（Generalized Self-efficacy Scale，簡稱GSE）」。提高自我效能感的方法，正是鍛鍊朝高目標攀爬時所必需的體能「彈性肌肉」的一個方法。

而且，這種方法對於追求技能提升的商務人士來說是非常有用的。我也很後悔自己太晚才認識這個方法。

自我效能感的研究，在加拿大籍心理學家、史丹佛大學心理系教授亞伯特·班杜拉博士（Albert Bandura）的推動下，於二十世紀後半獲得了巨大發展。班杜拉博士是著名的心理學家，曾任全美心理學會會長。他是這麼定義自我效能感的：

「人對自己能否達成某個目標或成果的能力的確信及信賴感。」

這句話可能有點難理解。簡單地說，自我效能感就是面對某個目標或某個行為，「自己一定能做到」的自我感覺程度。自我效能感反映了一種強烈的信念：為了達成某個目標必須付諸行動，即便有困難，只要努力就能做到。

下面列舉了用來測定自我效能感的十個問題。你可以問問自己，下列描述是否符合自身情況。「非常符合」或「比較符合」的答案愈多，自我效能感就愈高。

【測定自我效能感的十個問題】

□只要拚命努力，再困難的問題我也一定能解決
□即使有人反對，我也一定能找到方法去獲得自己想要的東西
□不會迷失目標，達成目標對我來說不是什麼困難的事情
□即使遭遇意外變故，我也有自信能高效地處理
□我就是智多星，即使有意想不到的狀況，我也有辦法應對
□只要不吝惜必要的努力，我就能解決大部分的問題
□我相信自己對狀況的處理能力，所以面對困難時我不會慌亂無主
□出現問題時，總是能夠找到好幾個解決方案

□陷入困境時，總是能夠想到解決對策

□無論出現什麼問題，我都能夠應對處理

〈出處：Generalized Self-efficacy Scale (Schwarzer and Jerusalem, 1995)〉

▼在擅長領域容易提高自我效能感

有些人看上去沒什麼自信，但是卻能在工作上做出成果。有些人自信滿滿，卻在工作上勞心費神。

比如說，有些人一旦站在人前說話就沒什麼自信，但是如果讓他寫商業文書，他就可以揮灑自如。也就是說在書寫商務文書、達成工作目標上，他是自我效能感很強的人。在財務領域或是律師、會計師等需要專業技能的職務中，就有滿多這種類型的人。

還有一些人，各項運動的能力都很平均，但是他們對於需要耐力的馬拉松或長泳的自我效能感很高。雖然他們會謙虛地說自己不擅長運動，但是卻有驚人的耐力。

有很多女性選手看起來嬌小瘦弱，一點都不像能跑完全程馬拉松的人，但是她們卻能比多數男性選手更快到達終點。由此我們可以知道，在馬拉松比賽所必備的耐力上，她們的自我效能感很高。

自我效能感在學習領域也有所影響。如果自我效能感高，那麼即使在充滿壓力的考試中也能充分發揮自己的實力。在數學上有自我效能感的人，非常相信自己的計算能力和問題解決能力，他們覺得無論出什麼考題，自己都可以解答。即使感到有些緊張，也不會因為考試壓力而灰心洩氣。

自我效能感和一般的自信不同，它是對某特定領域的目標發揮正向的心理能力。無論峭壁有多高，只要拚命努力就能跨越困難。自我效能感的程度會表現在這種對自我的信任感上。

培養自我效能感的四個方法

在工作上磨鍊自我效能感，可以讓我們在困難工作來臨時也能自信面對。

擁有了自我效能感，就像在身體裡擁有了一台發電機。即便課題再困難，即使要花費再長的時間，只要不放棄，必定能堅持不懈地持續朝著目標前進。因為為了達成目標所需的精力，能夠從自己的體內產生。目前經過研究證實，有以下四種培養自我效能感的方法。

【培養自我效能感的四個方法】

◆有實際成功的體驗（直接成就感）→「實際體驗」
◆觀察他人順利處理問題的行為（代理體驗）→「範本」
◆接受他人有說服力的提示（言語勸說）→「鼓勵」
◆體驗興奮感（生理和精神的甦醒）→「氛圍」

我接下來具體介紹一下這四個方法。

▼成功體驗愈多，自我效能感愈高

提高自我效能感的第一個方法，就是朝著自己設定的目標不斷反覆進行「實際體

■提高自我效能感的四個要素

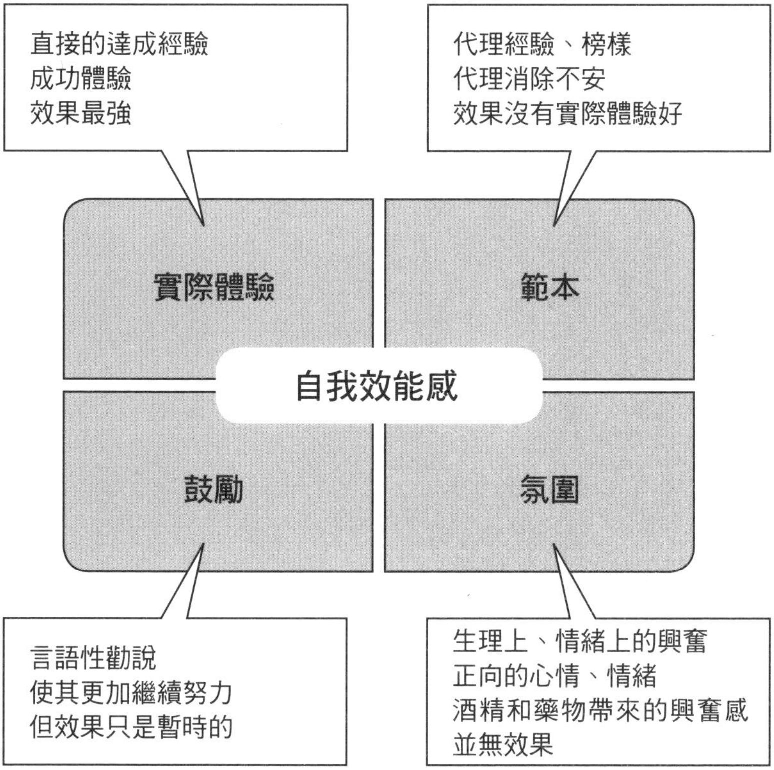

參考：Bandura, Albert. Self-efficacy. John Wiley & Sons, Inc., 1994.

驗」。直接的實際體驗愈多，效果愈好。

如果想讓缺乏工作信心的新人培養自我效能感，可以多指派他們一些簡單的工作，讓他們多體驗幾次成功，並在每週的工作匯報會議上，利用最後的五分鐘向員工詢問上週進展順利的工作有哪些。就算是很簡單的工作也沒關係，盡可能讓所有人共享工作上獲得的成就感。這個管理習慣可以加速訓練年輕員工獨當一面。

將之前未完成的工作設為目標，樹立起一種對目標的信念，這也意味著自我效能感。以游泳舉例，讓我們來思考一下。要想學會游泳，不管看再多書理解再多知識也不會足夠。首先就是得跳入水中，實際游看看。

不過，當自己在腳踩不到底的深水區游泳時，會害怕溺水，但是對於不會游泳的人來說，學會游泳前的任何練習都是考驗。要想通過考驗，需要游泳技能的同時還要有自我效能感。也就是相信自己擁有「不會溺水、能游泳」的能力。

我的兒子不擅長游泳，他不太會換氣。他曾經有過在水中無法好好換氣，導致水流進嘴裡而嗆到的痛苦回憶。那次的痛苦經驗讓他的身體對游泳非常恐懼，一到水中就全身僵硬無法自在活動。所以他一直覺得自己學不好游泳。

但是，我們搬到國外後不久他便學會了游泳。現在游泳成了他擅長的運動之一，每次在學校的社團活動中都能遊上個一千米。造成他這個轉變的秘密，就是因為他去上了私人游泳課。

我們住的公寓有一個五十米長的大游泳池。游泳池邊常見到一個教孩子游泳的叔叔，像是在自家公寓當起家庭游泳教練的感覺。

我就拜託他也教我兒子游泳。他上課的收費沒有日本的游泳課高，而且不用特意帶兒子去游泳池，教練一直都在，對當爸爸的我來說也很輕鬆。

每天放學回家後，他就開始給我兒子上課。上課的形式很特別。為什麼這樣說呢？剛開始時他完全沒教游泳的基本技能，反而是讓我兒子做踩水動作練習。也就是說，先不進入游泳池，而是在岸上反覆練習雙臂張開的動作，接下來練習雙腿畫圓的動作，等到兩個動作都做得很好之後，他要求我兒子到水池中央去做這兩個動作。

兒子戰戰兢兢地進入水中，雙臂雙腿拚命地畫著圈做踩水動作。剛開始，教練還扶著他的身體，然後便漸漸放手讓他自己游。其實也不算什麼游泳動作，只是使身體漂浮的技巧。

其實這個叔叔並不是普通的游泳教練，而是游泳救生員。游泳救生員除了訓練人們在溺水時自救的技能外，也要訓練對溺水者緊急救援的技能。

因為是以救人為目的，所以他沒有教什麼游得美或游得快的游泳技巧。他本身也不認為姿勢優美有什麼價值。比起游泳速度，如何保持身體漂浮不下沉才是他優先考慮的。

發現問題的我打算取消游泳課，但是兒子說他覺得上課很開心，便打算再持續一陣子觀察看看。沒過幾星期，我兒子竟然順利地學會了游泳。因為當初的訓練幫他形成了自我效能感：「我絕不會溺水，萬一溺水我也能讓身體保持漂浮」。

雖然不小心讓兒子接受了游泳救生員的指導，但是「踩水不會溺水」的成功體驗的積累，提高了他的自我效能感，從而克服了「自己學不會游泳」的意識。

▼英語能力差是因為實際體驗不足

親身直接體驗是培養自我效能感最有效的方法。特別是自己覺得不擅長的領域，一旦有了成功體驗後，就能極大程度地提高自我效能感。比如說大部分日本人都不擅長的英語口語溝通，我自己也不擅長。想要自信地擁有英語能力時，就應該讓自己沉浸在英語的環境中，持續進行聽力與口語的訓練，這種方法非常有效果。在英語教育中這種方法被稱為「浸泡式」，如字面意思所示，就是完全沉浸在英語的世界中。

我雖然進入了外商公司，但是剛開始完全不懂英語，當時公司就安排英語能力不足的員工，到美國加州的舊金山進行四個月的英語培訓。某種意義上簡直是天上掉下來的禮物，因為既有薪水可拿又能體驗令人嚮往的海外生活。

可是培訓的授課內容非常困難，畢竟培訓的目的是預期我們之後可以完全掌握、使用英語。所以，我從早到晚都泡在英語裡。上完道地美國人教授的課程之後，我們被推薦去參加當地的運動活動。我心血來潮地報名了水肺潛水培訓班，想考取潛水證照。但語言不通的話，到海中深潛會非常危險，所以我就拚命全力投入在英語上。

我早上看CNN的英語新聞，白天上純英語授課的商業英語，傍晚跟當地人去運動，晚上看全英語的電視劇和喜劇節目，到了週末，又去電影院看無字幕的電影，開車時邊聽英語廣播。每天都泡在英語中，感覺我的大腦已經習慣了英語。

雖然我的會話表達還是要很花時間，但是我的聽力直線上升。其實只要能聽懂，會話能力多少會隨之提高。「自己居然聽懂了對方說的話！」這種小小的成功體驗形成了我的自我效能感，並且這種自我效能感也有助於會話和寫作能力的提高，形成了一個良性循環。

就這樣過了一個月，我居然能跌跌撞撞地跟別人用英語溝通了，連我自己都非常吃驚。

從我個人的經驗來看，僅僅掌握英語的知識或技巧是不夠的。最重要的是擁有對英語溝通的自我效能感。

對於自己「用英語表達想說的話」的溝通能力有沒有信心，也會跟著大大影響你的英語能力。

因為在日本的義務教育中，英語的文法和單字占了很大的比重，所以大多數日本人不擅長英語的原因並不在於知識或技巧不足，而是因為英語會話的經驗不足，所以導致對英語的自我效能感非常低。

在亞洲新興市場上進行商務磋商時，我發現很多國家的人都理所當然地使用英語溝通。即便是說得不流暢，溝通起來也沒問題。他們的詞彙和文法知識雖然比日本人差，但是卻重複地積累了英語會話的實際體驗；而日本人卻大多數沒有實際體驗，這才導致英語能力普遍不足。

在外語教育上，日本側重知識理論性。如果將更多的重點放在提升自我效能感上，那麼日本人的外語能力一定會得到更高的提升。

向榜樣學習

培養自我效能感的第二個方法是觀察「範本」：仔細觀察他人的行為，產生「代理體驗」的心理效果。

當與自己程度相近的人順利克服了困難並達成目標時，我們就會感覺自己也能達成同樣的目標。「如果他可以，我應該也沒問題」的心理，可以消除恐懼失敗和進展不順的不安。這就是代理體驗的效果。

「範本」也被稱為「榜樣（role model）」，指的是已經完成目標，或是已經掌握達成目標所需技能的人，這樣的人正是榜樣的理想類型。

在學校，老師就是學生最熟悉的榜樣。上研究所後，指導教授就成了導師，彼此的關係會更加密切。這些人際關係都是我們一生的寶物。當我們不知道該做什麼研究而六神無主時，或是對今後的職涯規畫感到迷茫時，這些榜樣就可以給予我們幫助。像結婚這種人生大事，也可以請教他們。

另外，有一些少年非常崇拜職業運動選手，房間會貼上選手的海報，絕不會漏掉他們的比賽轉播，甚至將榜樣的練習方法和生活方式也當作範本來模仿。

在國外，從很早期開始就有如棒球的貝比・魯斯（Babe Ruth）、足球的比利（Pelé）、籃球的喬丹（Michael Jordan）等運動員成為少年們的榜樣，帶給了大家很大的勇氣。現在在日本，也有愈來愈多孩子以運動明星鈴木一朗、上原浩治、香川真司、本田圭佑為榜樣，「總有一天我也可以站上世界的舞臺」的自我效能感也跟著提升。

在家裡，父母是孩子的榜樣。孩子從母親的懷抱中學會關愛，從父親的背影中學會生活，學會敬畏。父母幸福美滿的生活會成為孩子自我效能感的源泉，他們會認為自己長大後也能充實幸福地生活。

還有，父母在遇到困難時，能夠正確、靈活地解決問題、克服困難的話，那麼耳濡目染的孩子也會相信自己將來遇上困難時也能從容面對。

而在公司，上司和前輩就成了榜樣。但對他們不能盲目地崇拜，重要的是找到那些具備自己所需能力的人，並向他們學習。

▼透過模仿上司來提高商務技能

在工作上，為了在短時間內掌握必備的商務技能，成長為可以獨當一面的商務人士，就要將上司和前輩視為榜樣，有意識地「模仿」。這裡的「模仿」是指模仿自己榜樣的思考方式和行為模式，這也是研究自我效能感的班杜拉博士的研究內容。反覆進行相同的動作和行為，人就可以學會該動作和行為，進而成長。

我曾經工作很長時間的寶僑，有一個將所有文書歸納到一張紙上的「一頁匯總」的傳統。公司規定，公司決策都要按照固定格式歸納到一張紙上。

寶僑是年營業額超過八兆日圓的跨國企業，全世界十五萬員工都要寫這個「一頁匯總」，公司的重要決定等資料都要被匯總到一張紙上。

可是，將自己的意思歸納到一張紙上絕不是容易的工作，不可能馬上學會。我就是掌握了「一頁匯總」的能力後，在寶僑才算是可以獨當一面。

但是在那之前，上司不知改正過我多少次。我的上司在書面溝通方面是非常出色的榜樣，同時他也很嚴厲。我每天基本上都是上午寫完文件，下午提交給上司，傍晚再來修改被上司訂正得密密麻麻的文件，每天總是工作到很晚，匆匆地去趕最後一班電車。

就這樣反覆地訂正後，文件和我首次提交的內容完全不一樣了。所以我心裡總是嘀咕著「早知道這樣，還不如你自己寫呢」，但最終還是每次都被教導說「這樣做的意義在於可以學習訂正後的文章」。

文字被人添加刪減、受人批評訓斥是痛苦的體驗。如果把這些當作失敗，就會喪失自信心。但是慢慢地，耐心反覆地修改、重寫，它們已經基本上不會傷害我的自尊心了。

在瞭解抗壓韌性訓練法後我才恍然大悟。反覆的訂正和修改可以讓身為部下的我去模仿上司的文章，為以後管理職位必備的邏輯思考能力、解決問題能力還有必要的決斷力打下基礎。

在挑戰「一頁匯總」的過程中，伴隨的另一個成果，就是我學習模仿到優秀商務人士所必備的技能。

寶僑出身的人到了其他公司後通常也能依舊活躍，寶僑之所以被稱作「人才工廠」，其中一個重要的秘訣就在於上司熱心指導「一頁匯總」的訓練，提高了商務人才的自我效能感。

化不可能為可能的範本

當跟自己程度相當的人有了「不可能」的成績時，就發生了代理體驗，也就是會產生「如果他可以的話，我們也可以」的自我效能感。我這裡有一個關於羅傑．班尼斯特（Roger Bannister）的真實故事。

班尼斯特是英國牛津大學醫學院的學生，也是位中長跑選手。這位實力選手曾在奧運的一千五百米正式比賽中獲得第四名，錯失了獎牌。

比賽之後，他曾經煩惱要不要放棄跑步，雖然賽後曾表示要引退，但是馬上撤回了引退宣言，並做出了讓人震驚的決定：「化不可能為可能」，即打破當時的不可能：「四分鐘內跑完一英里」，這樣的宣言在英國掀起了軒然大波，報紙上滿是班尼斯特的挑戰宣言。

但是科學家們卻不看好他，因為在當時，無論從醫學還是生理學的角度判斷，人類的體能都不可能在四分鐘內跑完一英里。

班尼斯特並沒有因為別人的看法而動搖，他不理會周遭的意見，不害怕失敗，邁出了挑戰的步伐。他採用了當時最新的間歇性訓練法，徹底地開始鍛鍊自己的體能。

他這種反主流的行為受到了大眾的支持，這也激發了他競爭對手的鬥志。連世界紀錄保持者頭銜都沒有的班尼斯特都如此舉世矚目，那麼他的對手更不會是什麼等閒之輩了。所以之後湧現出很多模仿班尼斯特的頂尖田徑選手，朝著「四分鐘內跑完一英里」的目標挑戰。這場競爭獲得了全世界的矚目。

但是，「四分鐘內跑完一英里」的目標要比想像中難得多，包括班尼斯特在內的眾多田徑選手都沒能成功。班尼斯特最短紀錄也要費時四分二秒。他的朋友勸他放棄，但是他依然充耳不聞，繼續堅持。

然而，在二十世紀五〇年代中期的某天，他的母校牛津大學舉行了一場長跑比賽。比賽前由於風勢較大，班尼斯特原想取消參賽，但是在比賽前一刻，他確認風停後又還是參加了比賽，現場大約有三千多位觀眾見證了這一歷史性的瞬間。

英國國家廣播電臺BBC實況轉播了這場比賽。幾分鐘後，人們屏息聆聽著第一個衝進終點線的班尼斯特的奔跑時間，寂靜的體育場上響起播報員嘹亮的聲音：

「三分……」還沒有宣布完畢，整個體育場和世界就已經陷入瘋狂。「三分五十九秒！」班尼斯特終於實現了「四分鐘內跑完一英里」的不可能的目標。

在賽後的採訪中，班尼斯特回想自己跨越目標的歷史性時刻時說道：「我彷彿和自然融為了一體，發現了前所未有的力量和美的泉源……」

班尼斯特被載入金氏世界紀錄，受到了表彰，很多人都堅信至少在很長一段時間內不會再有人打破這個紀錄了。但是，僅僅兩個月之後，這項紀錄就被澳洲的選手打破了。

除此以外，班尼斯特創造紀錄的那一年內，打破這一極限的人竟有兩三人。從第二年開始，有超過三百人在四分鐘內跑完了一英里。第三年也不斷有人在刷新著紀錄。因為四分鐘跑完一英里不再是什麼不可能達到的難題，所以不斷有人打破之前的紀錄。

實際上，這並不是因為田徑選手的身體機能出現了突破性的進步，而是其自我效能感發生了變化。也就是說，看事情的方法發生了變化，即「不可能有人在四分鐘內跑完一英里」這個神話被打破後，很多人有了「如果他能做到，我也能做到」的自我效能感。如果班尼斯特當初沒有做出化不可能為可能的表率，那麼可能神話依舊是神話，無人打破。

▼有鼓勵自己的人在身邊何其幸福

繼「實際體驗」和「範本」之後，第三個提高自我效能感的方法是「鼓勵」。

在挑戰有難度的課題時，有人會對自己說出「你一定可以做到」「你有能力，只要不放棄就能有辦法」等鼓舞的話語。這就是「語言性勸說」。

當別人對你說「你一定可以做到」時，你會感到有人在支持自己，也能鼓起幹勁繼續努力。很多時候，小小一句話就是自信心的泉源，能促進自我效能感的提升。

也有自我鼓勵的方法，即「自我肯定（Affirmation）」。是勵志類書籍中經常推薦的方法。比如說，站在鏡子前，對著鏡子中的自己說十遍「我可以，我能成功」。

自我肯定法相當受歡迎，但是心理學調查發現，自我肯定法的效果是有限的。實現目標需要時間，改變自身需要更多的時間和自律。有很多人在自我肯定法的利用過程中，在無法實現目標時，就很容易從自信變成自我懷疑，從希望變成失望。

我認為與孤軍奮戰比起來，積極尋求他人的協助更能促進「我做得到」的自我效能感的提高。

但愈是沒有自信心的人，在尋求別人幫助時就愈是猶豫不決。害怕自己被人拒絕，或是妄自菲薄，認為自己沒有耽誤別人時間的權利，這些情緒實際上是一種迴避行動。如果不克服這種壞習慣，就很難向下一步前進。

大家的身邊有沒有一些總是相信自己、鼓勵自己、在身後支持自己的人呢？如果有的話，他們是怎樣鼓勵你的呢？

我在愛知縣的一間老牌企業進行培訓時，指導了一位營業課長。當時這間公司的課題是新技術產品的客戶開發，負責這項工作的正是這位課長。

但是接連幾次的商談失敗，讓這位認真努力的課長喪失了自信。在開發新客戶方面，他的自我效能感下降了。一連被好幾個新客戶拒絕並掛電話，信心受挫也在所難免。連續的成功體驗會提高自我效能感，而重複的失敗體驗也會降低自我效能感。

作為公司今後發展的關鍵支柱，這位被寄予厚望的課長便消極地認為自己做不好新客戶開發，也提不起勁來打電話拓展新客戶。這時，我正好來替他做抗壓韌性訓練。

當時正好在練習培養抗壓韌性的第三大技能：形成自我效能感。有個問題是「當你要挑戰高目標時，會默默地支持和鼓勵你的人是誰」，他立刻回答說「社長」。

我對這個答案感到很意外。因為他的社長對他非常嚴厲。我聽說他經常在會議上被社長批評。他是被新上任的年輕社長從之前的研發單位提拔到現在陌生的業務單位的。

正因為他對技術層面很熟悉，所以新任社長非常期待他能像開發產品一樣開發出新客戶。

當目睹了他人的失敗或出錯時，為了告誡其不要重蹈覆轍，人們總是會衝動性憤怒，社長也不例外。社長認為自己有責任培養好部下，更期待他能當好接班人，所以認為部下的失敗就是自己的失敗，由於害怕自己被人批判「沒有能力培養部下」，處於自我保護的心理狀態下，才會出現發怒和惡聲斥責的破壞性行為。

但是在生氣的瞬間，你要做的應該是深吸一口氣忍住，並用熱切的言辭鼓舞對方。相信對方的潛力，集中提高他的自我效能感，這樣的上司才稱得上是真正的上司。聽了這位營業課長的心聲，社長重新發現了自己的角色作用。

之後，在公司的一個關鍵戰場：國際展銷會上，社長就鞭策、激勵了公司的營業團隊。為了提高士氣，事前也做好萬全的準備。這幾年公司雖然出資參加了東京的展銷會，但是結果並不理想。

有了社長的鼓勵，營業課長就拚命地熱情接待前來參觀的新客戶，同時也沒有忘記進行展銷會之後的電話追蹤。

後來，課長愉快地對我說：「客戶那邊的反應跟之前完全不一樣。」到去年為止，一打電話給曾經來公司攤位拜訪的客戶，客戶多半是冷冰冰地拒絕並掛掉電話。但是今年卻不一樣，他們獲得了很多商務約談。

雖然新技術的簽約率不會馬上提高，但是跟去年相比已經有很大進步了。

課長說：「可能因為我們的攤位充滿活力，包括我在內的每個人都是士氣高昂，自信滿滿，給客戶留下了深刻印象。」

有幾十間公司參加展銷會，所以在眾多的產品和公司中，需要給客戶留下耳目一新的第一印象，而且想要突出自己個性，除了展示的產品以外，接待人員的表情和幹勁、攤位的氛圍都很重要。

當客戶心中湧現出「可以放心交給這家公司」的信任感時，商談的第一個目的就達成了。而這次展銷會的成功就在於提高自我效能感的課長和整個營業團隊之間形成了強烈的信任感。

▼書信式的「鼓勵」有長期效果

我覺得鼓勵性的話語有反覆重現的作用。口頭的鼓勵雖然有效，但是寫成文字的鼓勵話語，透過反覆閱讀，可以多次重現鼓勵的效果。

一位護理大學的副教授曾經告訴我一個故事。一位醫院的護理部主任有個向護理師寫「感謝之信」的習慣。信的內容是這樣寫的：

「我從病人家屬那裡收到了他們對你看護工作的稱讚及感謝，我這裡也認真地記錄著你對看護工作的貢獻。

像你這樣優秀的護理師，在我們醫院工作已有十年之久，謝謝你對病人和病人家屬所做的一切。

因為有你，為每位病人帶來了希望，讓這間醫院變得十分美好。我衷心地感謝你。」

在這間醫院裡，護理部主任堅持著親筆寫信的習慣，總共寫出幾百封感謝信。收到感謝信的護理師都非常感動，有的甚至將它裱起來掛在家中客廳牆上。

書信式的鼓勵話語可以反覆閱讀，可以有長期性的鼓勵效果。如果感謝的心意能準

確傳達的話，就能為收信人的心靈、情績、全身都帶來正面的效果。（關於感謝的研究會在第六章做解說）

日本航空的「感恩卡」

企業內部也會相互鼓勵，除了可提高團隊的效能感，也是培養員工勇於克服困難的原動力。

日本航空（後簡稱ＪＡＬ）破產後又以驚人的速度東山再起，完成了經營重建。這其中，作為重建負責人，不計回報地擔起會長重任的稻盛和夫當然是功勳卓越，但是破產後留在公司的員工自身的努力也不可忽視。

破產時ＪＡＬ面臨的問題是部門之間的溝通不順暢。航空公司的工作人員一般分工明確，機場內很少有機會跨部門交流，航廈裡還有其他航空公司，聚在一起的機會就更少了，結果，公司員工的關係變淡，相互之間也缺少關心和諒解。

缺乏協調性和同理心意識的航空公司，很難達成對乘客而言極重要的服務指標：準點率。因為飛機的航行，需要考慮到天氣和飛機本身的因素，意外狀況也會頻繁發生，只有「跨部門合作」才能妥善有效地處理這些意外狀況。

飛機起飛前的準備牽涉到很多人的工作。包括辦理報到手續的櫃檯人員、處理托運行李的地勤人員、加上機師、空服人員，還有很多準備人員，其中還包括不屬於JAL的航空服務公司人員，而他們都是各做各的工作，相互之間沒什麼交流。但是，所有人共同合作才能保證飛機起飛，因此工作人員之間的信任關係是不可或缺的。

那麼，重建的JAL做出了哪些努力和改變呢？

第一步就是重建後不久定下的新經營理念「JAL哲學」的滲透式教育培訓。培訓的對象不光是JAL員工，也包括航空服務公司的員工。每三個月培訓兩個小時。培訓的形式並不是培訓師單方面傳達經營理念，而是採用討論的形式讓每一個員工都真正地領會「JAL哲學」。

這樣一來，機師、空服人員、機場地勤和準備人員那些從未交流過的人員，就可以利用這個空間進行跨部門的交流討論了。儘管工作和角色不同，既然都在JAL這個企業工作，那麼員工都能從心底裡理解大家共同的目標。

培訓的講師不是公司外部人員，而是機師、空服人員、準備人員等最前線的人員，因此他們說的話很有說服力。他們隸屬於公司進行意識革新，培養人才的推進部。在培訓中，可以看到同一張桌前，穿著不同制服的人圍在一起熱烈討論的畫面。只要一步入那個培訓室，就能感受到濃濃的團隊一體感。

不過，在「ＪＡＬ哲學」教育開始之初，集團內部曾有人不贊成這個培訓，想要取消。在以前的ＪＡＬ，提反對意見的人被認為是聰明、有個性的，但是隨著培訓的持續和經營理念的滲透，大家發現，原來提消極意見的人不是那麼聰明。大家的想法上出現了變化。

此外藉由鼓勵可以促進公司員工之間的感情。所以ＪＡＬ靈活利用了「感恩卡」。比如說，當飛機延遲降落時，為了不影響下一次起飛，就必須儘快進行機內清掃。這個時候，ＪＡＬ便將暫時沒事的員工透過內線集中起來，ＪＡＬ稱之為全體呼叫。協助清潔人員迅速用抹布擦拭墊子、清除座位置物袋內的垃圾，迅速清潔機艙。為了達成準點率這一共同目標，他們毫不猶豫地在各自崗位外展開協助。

協助工作結束後，大家就各自返回工作崗位。這時就是「感恩卡」登場的時候了。這樣既可以表達自己的感謝之意，也能營造出相互稱讚的公司文化。這種發給全體員工的卡片設計成名片大小，便於攜帶，可以及時表達謝意。

於是藉由感謝信或感謝卡讓員工們互相稱讚感謝的風氣就此形成。收到卡片的人會非常高興，送出這些感謝卡的人也因為好好地傳達了感謝之情，幸福度隨之提高了。

也許大家並不知道「也許可能很困難，但是你一定可以做到」這種鼓舞人的話語，會促進自我效能感的提升。如果將這些話語裝飾在書桌上或自己能看到的地方，每當我們看見時，心中就會湧現出「好，我要努力」的幹勁。而且，那些鼓勵的話語，只要不是虛與委蛇，就具有反覆鼓勵的效果。

我十分珍惜那些鼓勵我的人。有這些人在身邊我感覺自己很幸運。除了家人，如果有人能在工作上鼓勵自己，那麼你的工作價值也能提高。這可以讓我們認識到自己生命裡有一些無可替代的人，並學會珍惜自己和那些人的感情。

▼感到不安時需要有意識地改變心情

提高自我效能感的最後一個方法是「轉變心情，積極面對」。如同生理上的興奮和情緒上的高亢一般，身體能夠敏銳地感知自身的變化。

當自己沒有自信心時，不安和恐懼的情緒就會浮現。比如說一般的恐懼症中，人們會對高處、陰暗處、蜘蛛或蛇感到恐懼。而同樣讓許多人恐懼的還有在人前講話。我們在公開場合，在眾人面前講話時心臟就會怦怦地狂跳，非常緊張和焦躁，這種狀態在英語中會用「butterflies in your stomach（胃裡有蝴蝶在飛舞）」來形容，這個比喻真是非常貼切。

掌心冒汗，心臟猛烈跳動並且喉嚨發乾，這些都是恐懼情緒造成的身體反應，如果愈是在意自己的緊張，愈會陷入感覺更加恐怖的惡性循環。

一旦出現了這種負面情緒，在「雖然以前都做到了，但這次可能不行」的悲觀想法開啟之前，要積極改變心情，讓自己興奮起來才能有效克服恐懼。絕對不能強行壓抑心中的緊張。因為負面情緒受到壓抑後，會加倍反彈。

不過，依靠酒精提高興奮感反而會有反效果，所以並不推薦。可以進行其他可以振奮心情的合適行為。大家都是怎樣有效地轉變心情的呢？這裡列舉幾個方法。

其中一個方法就是慶祝。比如說當完成某個目標時，團隊可以舉辦慶功宴；有的公司，在事業部超水準完成了極度艱難的目標時，就招待員工集體去海外旅行；另外，贈送禮物祝福也很有效。

也有人會利用喜歡的音樂。我熟識的正向心理學家羅伯特．比斯瓦斯—迪納博士（Robert Biswas-Diener），在遇到時間較長的授課前後，一定要到安靜的地方一個人用iPod聽音樂。一來可以在課前提高自己的興奮感，二來可以緩解課後的壓力和疲勞。這種習慣無論是誰都可以做到。

如果是女性，可以給自己一些小獎賞。比如說買喜歡的洋裝。特別是有幸運色時，穿著自己的幸運色，心情也會煥然一新。也可以買自己喜歡的手錶或墨鏡。戴著這些飾品時，就會覺得「這次做得不錯，下次也要加油」，使自己積極地投入到工作當中。有時候跟自己要好的朋友聊天也能提高興奮感。

▼改變公司氛圍的朝日啤酒試飲會

公司也能夠透過舉行活動，讓職場氛圍煥然一新、瞬間提高員工的自我效能感。

這其中有個最典型的好例子，就是被稱為「朝日啤酒復興之神」的前社長樋口廣太郎所施行的戰略性公司活動。

樋口廣太郎從住友銀行來到衰敗的朝日啤酒擔任社長以來，打造出了熱門產品：SUPER DRY，重振了朝日啤酒公司。他是著名的企業管理者，同時我也認為他是將員工的自我效能感發揮到極致的人。

樋口廣太郎進入朝日啤酒之初，朝日啤酒的市場占比就像尼加拉瓜大瀑布般一落千丈，從百分之三十七跌至不到百分之十，甚至有人譏諷它不再是「朝日啤酒」而是「落日啤酒」，因為既推不出好產品，又死氣沉沉、沒有活力。那時候完全想像不出會有如今生機勃勃、活力四射的朝日啤酒。

樋口廣太郎在擔任朝日啤酒的社長之前也經歷過許多坎坷。雖然他在住友銀行時青雲直上，成為最年輕的副總裁，但是在二〇世紀後半期發生了日本戰後最大經濟違法事件「伊藤萬事件」，樋口廣太郎也牽涉其中，他向當時的住友銀行總裁諫言，卻也因此被降職到了朝日啤酒公司。

對一個事業本可以完美收官的銀行家來說，這次降職對樋口廣太郎無疑是個沉重打擊。然而，擁有堅韌抗壓韌性的樋口廣太郎卻向住友銀行的部下表示「我將作為啤酒人為啤酒事業奉獻一生」，而且在銀行內部舉行的歡送會上，他也顯示出了自己將施展拳腳扭轉朝日啤酒窘境的決心。

樋口廣太郎在就任社長前做了一件事：向「榜樣」取經。他對啤酒是外行人，最直接有效的入行方式就是向別人取經。他請教競爭對手公司麒麟啤酒的會長和社長、拜訪札幌啤酒公司總部，大膽向他們提問「對啤酒來說什麼是最重要的」。

他得到的回答是「品質」。因為銷量好的啤酒成功的秘訣就是「品質第一」。「絕不吝嗇原料」是啤酒產業的致勝關鍵。

樋口廣太郎剛就任朝日啤酒社長時，收到了很多讓他大吃一驚的報告，比如說，當時並沒有可以自信地賣給客人的暢銷商品，所以造成銷售點囤貨愈來愈多的惡性循環。最後賣給客人的都是放得比較久的啤酒，經常被客人罵「你家的啤酒也太老了」。

原本的朝日啤酒並不能謙遜地傾聽客人的聲音，認真地對待客人。而真正改變朝日啤酒企業素質的就是樋口廣太郎。

在架上的朝日啤酒無人問津，久而久之愈放愈陳舊。啤酒最好喝的賞味期間約在生產後的三個月內。一喝到放久的產品，客人就會抱怨難喝。在這種惡性循環下，朝日啤酒愈來愈賣不出去了。

為了切斷這種惡性循環，樋口廣太郎決定回收超過三個月的全部產品。這種業界史無前例的回收就是「止損經營」。

既然要「止損」，好像社長一聲令下就可以簡單完成了，但對朝日啤酒來說卻是說得容易，做起來難。原先舊產品的回收預計會造成五億日圓左右的損失，但是實際上囤積的舊貨比想像中要多，居然有十二億日圓的產品都被召回，是預估的兩倍多。再加上啤酒含有酒精，只能成為工業廢棄物，統計下來相當於當時朝日啤酒一年半的利潤都泡湯了。

即使如此，樋口廣太郎依然沒有改變回收的政策，他做了一個公司該做的事，我想這就是他這個社長的過人之處。「止損政策」實施後，為了提高員工的自我效能感，他在公司每個月舉行的啤酒日活動上進行了一個小遊戲。

他首先讓員工喝剛剛生產出來的啤酒，然後又偷偷地發給大家之前回收的啤酒。員工一嘗啤酒，就抱怨說「誰會喝這麼難喝的啤酒呢，我們再去找地方重喝吧」。

然後，樋口廣太郎就一本正經地上臺向員工講話：

「你們喝的第二杯是不是很難喝？這第二杯就是之前讓客人喝的啤酒。客人怎麼會買這麼難喝的啤酒呢！我們是不是應該把這些舊啤酒統統處理掉啊？」

受到社長聲情並茂的演講的感染，公司員工的熱情一下子被點燃了。

產品的處理告一段落之後。樋口廣太郎又號召大家將處理舊啤酒的消息宣傳給客戶，業務部門的士氣也一下子振奮了起來：「我們已經沒有舊啤酒了，好！接下來要加油啊！」

現在業務部可以挺胸抬頭地和客戶說「我們的啤酒都是新產品」。他們提高了推銷朝日啤酒產品的自我效能感。

總結

第三個技能　培養「我做得到」的自我效能感

Self Efficacy

「自我效能感」是指對自己實施某一目標和行為的成功率的信任度。它對於從困難中重新站起是非常必要的。自我效能感由以下四點形成：

①有實際成功的體驗（直接成就感）→「實際體驗」

②觀察他人順利處理問題的行為（代理體驗）→「範本」

③接受他人有說服力的提示（言語勸說）→「鼓勵」

④體驗興奮感（生理和精神的甦醒）→「氛圍」

第四章

第四個技能：發揮自我優勢

Play for Your Strengths

每個人都有優勢

「發揮自我優勢」與上一章的自我效能感一樣，都是讓人重新振作的一種「復原力肌肉」。那些害怕失敗、不敢挑戰新目標的人，和那些從不氣餒、堅韌不拔地朝著自己目標前進的人，他們之間的差別就在於本人是否掌握並發揮了自己的優勢。也就是說，抗壓韌性強的人的特徵是：

◆**明白自己的優勢**

◆**持續磨鍊自己的優勢**

◆**關鍵時刻能夠發揮自己的優勢**

也可以說，他們的工作方法是聚焦於自己的長處。反之，那些抗壓韌性弱、害怕再次失敗而放棄目標的人的特徵是：

◆**不知道自己的優勢**

◆沒時間磨鍊自己的優勢

◆關鍵時刻無法發揮自己的優勢

那麼你是屬於哪一種人呢？你的優勢是什麼呢？你能列舉出自己的三個優勢嗎？在向我學習抗壓韌性訓練法的商務人士中，有人說自己沒有什麼優勢長處，但是在訓練中卻驚喜地發現了自己隱藏的優勢。

我敢斷言，所有的人都有自己的優勢。說自己沒有優勢的人不是沒有優勢，而是還沒發現而已。

抗壓韌性強的人能夠掌握自己的優勢，但是，不敢直視困境的人總以為自己沒有優勢，工作起來總是因為自己的弱點而綁手綁腳。

其實，我們的內心都藏有優勢這個「寶物」，只不過在日常生活中忽略了它而已。有時候我們甚至懷有受害者意識，覺得自己天生就倒楣。

事實上，找到自己特有的優勢時，我們會由衷地感到高興。那些一生都未找到自我優勢的人不過是抱著金飯碗挨餓，從某種意義上說是個人的不幸。

▼要想事業有成，就要發揮自我優勢

杜拉克有一句關於優勢的名言。

「能不能成功取決於自我優勢，弱點不能促進自我成長。」

工作上的成績，是充分發揮自身優勢的結果。能夠充分發揮自己的優勢，才能在工作價值上創造和他人不同的差距。優勢讓我們效率更高、工作更順心，更能提高人生和事業的成就感。

抗壓研究是在正向心理學的範疇下進行，而正向心理學也對自我優勢進行了科學研究。從研究結果我們可以得知關於自我優勢的幾項結論：

◆能發揮自我優勢的人工作能力強，事業滿足度高，目標達成率也很高

◆頻繁發揮優勢可以提高自尊心

◆懂得聚焦優勢的管理者能夠充分激發部下的工作熱情

◆發揮優勢可以保持活力，不易感覺到壓力，心情低落時可以迅速恢復

如杜拉克所說，那些從事最高等級工作的人非常清楚自身的優勢。為了發展自己的優勢，你需要拚命磨鍊自我，耐心地尋找能夠發揮自我優勢的工作或角色，而工作方式和職業生涯也在自我優勢的基礎上形成了。

▼找出三個自我優勢

在心理學上，對優勢的定義是「存在於內部，真正給予人活力、促使人發揮最大潛能走向成功的素質」。以提供企業優勢開發研究著名的蓋洛普公司（Gallup）（由美國社會科學家喬治．蓋洛普博士〔George Gallup〕於一九三五年創立，是全球知名的民意測驗和商業調查／諮詢公司）認為，「優勢能夠促使員工始終保持幾近完美的工作表現」。

要想找到這種優勢，我們在日常的工作中就必須自然地思考、敏銳地感受並理解自己的行為。因為自然狀態下的思考、情緒、行動中，隱藏著每個人真正的潛力。

實際上，當一個人發揮自己的優勢時，會產生「原來這才是真正的自己」的感覺。

優勢讓自我躍躍欲試，充滿熱情和活力，並讓人湧出再度發揮自己優勢的渴望。

如果上司能夠發現部下的優勢，並能指導、訓練部下在工作中發揮自己的優勢，那麼這個部下是何其幸運。調查發現，注意鍛鍊自己部下「優勢」的上司，能夠極大地激發部下的工作熱情和為公司奉獻的精神。

這種上司相信部下的實力。他會耐心地告訴部下：「你只要發揮自己的優勢，努力工作就可以。可能你會以為這種優勢大家都有，但這其實是上天賜予你的珍貴天賦。只要稍加利用，就會出現驚人的成績。我希望你能在合適的崗位上發揮自己的優勢。」如果有這樣的上司，誰不想在他手下工作呢？

我工作過的寶僑公司就有革新性的一面，它早人一步引進了最先進的人才培訓方法。這個人才培養訓的核心是一年一度的W&DP（Work & Development Plan，員工工作和發展計畫）綜合績效考核系統。這種考核並非一般的由上而下的單方面評鑑，而是密切結合的雙向系統。

寶僑的人事評價和人才培訓都由各個總部門負責，人事部門不會插手這個過程。我當時是在自己所屬的行銷總部完成考核的所有流程的。

利用這種考核，上司可以肯定部下在過去一年的業績，雙方探討下一年度能促進本人成長的重要內容等等，這是一次寶貴的溝通機會。與部下工作相關的人員全面回饋他的工作情況，上司將這些內容作為參考，但回饋歸回饋，不能照單全收，也要聽取部下本人的意見。對部下的能力不用從頭到尾全部評價，上司只需要把重點放在潛在優勢上，並思考如何促使其發揮。

一段時期後，這種考核方式出現了很大變化。之前是基於本人一整年的工作，從「優勢」和「需改善點」兩項進行考核，然後一一確定；而新的變化是取消了「需改善點」，並將「優勢」增加為三項。

當然，也有上司提出質疑：「不瞭解部下的弱點是不是不好？」「讓部下發現自己的不足難道不重要嗎？」「忽視部下的弱點不加以改正的話，可能會引起大失敗和大失誤。」不過，公司還是決定將方向轉往「聚焦優勢」。

出現這種變化，想必是時任CEO的雷富禮受杜拉克影響的結果吧。

這種人事評價的改變意義對部下也很辛苦。一般情況下，人們很容易發現自己的弱點，因為不足之處會給人帶來痛苦體驗，但是如果要舉出自己的三個優勢，一般人很難想出來。

不過，我相信現在的寶僑員工已經能夠輕鬆地說出自己的三個優勢了。而且在能夠磨鍊自己優勢的崗位上工作著，成長速度也更快了。更不用說那些被稱為「超級明星」的優秀員工了。

寶僑之所以被稱為「人才工廠」的原因之一，就在於這種「抓優點，育員工」的人才培養方式。

挖掘自我優勢

英國教育學者肯・羅賓森（Ken Robinson）是世界性規模的TED演講大會的人氣講者，他的TED演講影片已經獲得了超過兩千萬次點擊。他的語言幽默犀利，「已開發國家的教育正在扼殺孩子的創造力」這一批判性觀點更是廣為人知，其非凡的演講技巧讓我尤為崇拜。羅賓森將人的才能稱為「天賦（The Element）」，他是這麼說的：

「大部分的人連自己的天賦都不清楚。」

他著作《發現天賦之旅》也詳細介紹了找出並利用自我才能的方法，而這一點和正向心理學中「優勢的科學」不謀而合。

「不瞭解自己的才能」不僅是孩子們的問題，也是我們大人共同的問題。

人們總是更清楚別人的優勢和弱點，但卻很難發現自己的優勢和弱點，而一個無法掌握自己優勢的人，也很難發現他人的優點，這是因為沒有聚焦自我優勢的思維結構，沒有確切表現優勢的語言習慣。因此，無論對自己的孩子，或是公司後輩及部下，僅僅告訴他們「你有這個優勢，要繼續發揮」，並不能幫助他發揮自己的優勢。

優勢的發揮首先需要明確掌握自己的優勢，接著透過在工作上活用優勢來改變自己的工作方法。

首先要掌握自我優勢，然後利用這種優勢，這也是分析自我本質、開發資質的「自我的分析與挖掘」。最後才能鍛鍊出得以克服困境的「復原力肌肉」。

那麼，如何才能發現自己真正的優勢呢？主要有兩種方法。第一個方法是利用優勢診斷工具來掌握。第二個方法是接受可信賴的人的優勢指導。

測定優勢的工具

由心理學家開發，最具代表性的「優勢診斷工具」包括「VIA-IS」「蓋洛普優勢識別」和「Realise 2」，我將詳細說明各個工具的特色和使用方法。每個工具都需要使用者花三十分鐘回答問題，並都可以在線上測定結果。

「VIA-IS」（Values in Action Inventory of Strengths，價值實現突顯優點調查）是由正向心理學的創始人之一克里斯多夫・彼得森博士（Christopher Peterson）開發的。塞利格曼博士也有參與這項研究的開發。

彼得森博士是「全美傑出一百位心理學家」之一的著名心理學者，也是我最尊敬的正向心理學家。

在彼得森博士迎來五十歲生日、正在尋找下一個研究主題時，偶然收到了塞利格曼博士提出的共同研究的請求。這兩位當代代表性心理學家之前也進行過多項共同研究。塞利格曼博士的主要研究應該都有彼得森博士的協助參與。這次，彼得森博士也爽快地答應了塞利格曼的請求。他利用密西根大學三年的休假，在賓州大學研究室開始了這項共同研究。

最初研究的目的是針對青少年的品德進行科學分類與測定，但是隨著研究的深入，他認為「研究對象只針對孩子有點可惜，是否也能適用於成人呢」，所以就擴大了最初的構想，將優勢研究的適用範圍擴大到了所有的年齡層。

這項研究很重視適用的普遍性和廣泛性。由彼得森博士和一流學者組成的團隊調查了古往今來東西方的各個相關領域，輪番閱讀了幾千冊書籍，包括西方的亞里斯多德和柏拉圖、東方的佛陀和孔子的思想，甚至猶太教、基督教、伊斯蘭教和從古到今的哲學理論。他們找出了具有人類普遍適用性的六種美德：

◆智慧：利用知識、資訊營造充實滿足的生活
◆勇氣：遇到內外阻力也能堅持完成目標
◆仁慈：構築與他人同理關愛的關係
◆正義：個人與社會之間的最佳相互作用
◆節制：防止自己放縱和過分行為
◆超然：透過自我優勢與浩瀚宇宙形成聯繫

不過，這些美德都比較抽象，必須再多做些延伸才能利用和應用，因此每種美德又有了具體的二十四種「品格優勢」。這些優勢的利用率愈高，優勢所屬的美德就愈能受到磨礪。能夠體現這些美德的人，就能擁有充實的、有意義和價值的工作方式和生活方式，成長為具有更優秀人格的人。

比如說六種美德中的「正義」。哈佛大學政治哲學教授邁可・桑德爾（Michael J. Sandel）著名的「正義」課程，因課程被錄製成電視節目，影片在網路被瘋傳，並出版書籍，成為全球熱門話題。

要道德性地發揮這種概念有些籠統的正義美德時，就要活用屬於「正義」美德的「品格優勢」，那就是該研究中的「公平」「團結精神」和「領導力」。

具體來說就是一視同仁，不靠個人的感情和偏見做判斷的「公平」，對團隊忠誠並積極為團隊做出自己貢獻的「團結精神」，影響並引導他人成功實現團隊目標的「領導力」，反覆利用這些優勢，即可以體現「正義」美德。

在這項研究中發現的二十四個品格優勢，可以透過「VIA-IS」自我診斷工具測定。該工具由各種實證研究佐證，而且證據充足，可以在其網站免費測定：www.viacharacter.org。

■ VIA-IS 的美德和品格優勢

智慧 Wisdom	勇氣 Courage	仁慈 Humanity
・創造性 Creativity ・好奇心 Curiosity ・好學 Love of Learning ・判斷力 Judgment ・大局觀 Perspective	・誠實 Honesty ・勇敢 Bravery ・毅力 Perseverance ・熱情 Zest	・善良 Kindness ・愛 Love ・社交能力 Social Intelligence

正義 Justice	節制 Temperance	超然 Transcendence
・公平 Fairness ・領導力 Leadership ・團結精神 Teamwork	・寬容 Forgiveness ・謙虛 Humility ・深思 Prudence ・自我調節 Self-regulation	・審美能力 Appreciation of Beauty & Execellence ・感恩 Gratitude ・希望 Hope ・幽默 Humor ・信仰 Spirituality

參考：Peterson, Christopher, and Martin EP Seligman. Character strengths and virtues: A handbook and classification. Oxford University Press, 2004.

第二個工具「蓋洛普優勢識別（StrengthsFinder 2.0）」，是由美國蓋洛普公司前CEO、心理學家唐納德・克利夫頓（Donald Clifton）開發，是全球商業人士最常使用的優勢診斷工具。可至蓋洛普官網www.strengthsfinder.com購買，和「VIA-IS」不同，它是收費工具。

「蓋洛普優勢識別」主要由三十四個關於天賦的主題構成，這些天賦主要是透過對在商業活動上表現出色的人才調查研究得出的。該測試包括一百七十七個問題。問題完成之後，將按照順序分析本人的優勢內容，並以報告的形式呈現。利用這些天賦主題，便可構成自我優勢。

二〇〇一年，《Soar with Your Strengths: A Simple Yet Revolutionary Philosophy of Business and Management》（中文版《放向成功》已絕版）出版後，這個診斷工具受到了全世界的關注，現在累計有將近一千萬人使用它。

第三個優勢診斷工具，是英國正向心理學家亞歷克斯・林利（Alex Linley）所開發的「Realise 2」。因為跟「VIA-IS」和「蓋洛普優勢識別」相較，被應用的資歷較短、收費也較高，所以利用的人數也較少。不過除了優勢外，它的主要特徵是多角度分析和理解自我弱點。

這個工具的日語翻譯者是我的朋友神谷雪江，她曾完成塞利格曼博士在賓州大學的MAPP（應用正向心理學碩士）的第一期課程，所以對日本讀者來說該工具的提問內容非常容易理解。我熟識的比斯瓦斯－迪納博士也參與了這項工具的開發，他說這個工具出色地從深度和廣度上掌握了優勢，特別適合指導和訓練。

我嘗試使用了這三套優勢診斷工具，發現了每個工具的特點。「VIA-IS」有助你找到能讓人生走向幸福的必備優勢，「蓋洛普優勢識別」有助你找到工作上的優勢，「Realise 2」有助你理解更具概括性的優勢。

我個人比較推薦「VIA-IS」。

除了可以免費使用外，它所列舉的優勢沒有偏頗性，具有普遍適用性。它診斷出的結果能立刻讓人理解。另外，它的用語更易於理解，對從兒童到高齡人士的全年齡層皆具有廣泛性。

優勢指導

找出自身隱藏優勢的第二種方法就是「優勢指導」。最好讓信任的人來指導自己，這樣可以促使自己主動思考，在對話中進行平常不曾進行的思考。

雖然自己也可以自助指導訓練，不過我還是傾向接受別人來指導的方式。因為有些優勢在自己看來可能極其普通，因此並不會做特別的思考。

比如說我的其中一個優勢特徵是好奇心。在我看來，懷著好奇心去讀書、去待人處事是再自然不過的行為，別人也一定對此享有同樣的樂趣，結果事實上我完全搞錯了。

我們經常對自己所擁有的「寶物」視而不見，如果只靠自己一人自助指導，效果會非常受限。我在抗壓韌性培訓中也會讓學生兩人一組，利用我們自行開發的工具實施優勢指導，讓學生互相掌握對方的優勢。接受指導的學生眼神都閃閃發光、充滿朝氣。聽到別人告訴自己的優勢時，會由衷地感到幸福。

剛才說過，優勢指導需要選擇自己可以信任的人。因為，如果指導人的思維結構是「聚焦弱點」的「關注缺點型」，那麼本人在接受指導時，就容易會有受到負面影響的風險。

之所以這麼說，是因為我們大多數人的思維方式會習慣聚焦於短處和弱點。容易將「缺點不改正不行」「弱點不馬上克服會產生問題」等強迫觀念混進腦中，即便是有意識地想要找出對方的長處，依然會不小心往弱點關注，總是在想「只有指出不足才會促使人成長」而對人提出了批評意見。

即使是專業培訓員或教師都會出現同樣的問題。那是因為他們沒有構建「聚焦優勢」「關注發展型」的思維結構。

將焦點集中在優勢而不是弱點上，是最大限度使人發揮潛力的捷徑。如果有這種能理解優勢並帶有正確思維結構的人做優勢指導，便可以獲得立竿見影的效果。而且當他人的潛能被開發出來時，本人也能充分感受到這其中的驚喜。

進行「優勢指導」時，首先要理解「五大優勢原則」：

①每個人都有優勢

②聚焦優勢是取得成果的秘訣

③我們最大的可能性在自我優勢中

④將自己的優勢發揮到力所能及的小事上會帶來大不同

然後進行優勢指導時，詢問對方以下五個問題：

⑤很多成果來自於充分發揮自我優勢

- □什麼是你最大的成就、成功？
- □你最喜歡自己的哪個部分？
- □你做什麼事情的時候最開心？
- □什麼時候才會感到「這才是真正的自我」？
- □自己的最佳時刻是什麼時候？

指導時，不能催促對方立即回答，因為大部分的人，平時都沒有機會去好好認真思考自己的優勢。換句話說，那些不擅長掌握、利用優勢這個「復原力肌肉」的人，意外地非常多。

不過，如同我反覆提到的，每個人都有其優勢。在過去也曾經利用過自己的優勢，優勢指導就是將自己以為理所當然的資質「被看到」，並將其定義為優勢。如此一來，人們便能體會到自己也幸運地擁有這麼多出色的能力。

▼弱點就是弱點，很難轉換為優勢

掌握自己的優勢，可以將其活用到新工作上。不過，僅僅掌握還是不夠的。確實，能發現自我優勢是非常幸運的，但優勢的效果只是暫時的。只有將自己的優勢活用到新的領域中，才能有真正的充實感。

但是，一般大多數人並不怎麼利用優勢，而是將更多的時間和精力花在克服弱點上。這個情況不僅是針對我們自己，而且也會發生在面對我們的孩子、部下或後輩時。

克服弱點能夠帶來成就感，當然還有滿足感。幫助別人克服弱點也會讓人感覺很有意義，但是克服弱點需要花費很多精力和時間，而且克服弱點的成功率並不高。另外，即便用盡全力努力克服了自己的弱點，最多也只能達到一般的水準。很少有人能將自己的弱點逆轉發展為優勢。

我認為商業公司並不追求員工的平均能力。社會也不會給予能力平均的人多高的評價。因為這樣的人很多，可替代性也很高。

在能發揮自我優勢的領域工作的人能夠做出成果，並獲得相應的回報。他們會受到周圍的認可、稱讚，成為可以依賴的人，相對的負責的工作也愈多。並且由於樂於發揮優勢，本人並不會感到疲倦，甚至會覺得「可以做這麼快樂的工作，又能得到這麼棒的回報」。

而另一方面，商業社會並不會給克服弱點的人什麼回報。弱點會導致失敗和麻煩，但是即使克服了弱點，也只是預防了失敗，並不直接和成果掛鉤。

話又說回來，我並不是要讓大家「無視弱點」，而是認為總是關注自己的弱點，會將寶貴的時間、精力、金錢等資源花在克服弱點上，這種方法既不適當也不實際。

有效對待弱點的三種方法

那麼應該如何對待自己的弱點呢？以下為各位介紹三種方法。

第一種方法是花費最低限度的時間去消除弱點。如果這個弱點會影響自己的工作目標，那麼就要問自己：「我應該做什麼才能花最少的精力去消除這個弱點？」得出答案後就迅速實施，但是要注意時間和精力的平衡。重要的是最低限度地消耗自己的資源去消除弱點，並最大限度地投資於自我優勢。

第二種方法是「外包」，也就是說，自己不擅長的事情就拜託其他人或其他公司來做。

我認識很多辭職後自己創業的人，這些創業者有一個共同點，就是捨不得花錢購買外部的服務或協助，而傾向凡事都依靠個人力量。比如說他們會購買會計軟體自己記帳，而不是委由會計師處理帳簿，或是不委託設計公司而是自己設計公司網站，甚至連SEO（Search Engine Optimization，搜尋引擎優化）也靠自己研究。

如果是自己喜歡或擅長的領域就另當別論，但如果僅僅是因為要節省經費，就將自己的精力和時間浪費在並不擅長的地方，是非常沒有效率的。這說明他沒有真正明白自己創業的目的。

就算創業者在原來的公司名聲響亮，受到很多人信賴，但是創業後就必須從零開始。這個時候就要活用自己的優勢和專業，把精力、時間和金錢等有限的資源都集中起來，對自己的優勢進行磨礪和提升，這才是創業成功的關鍵。

第三種方法是與可以彌補自己弱點的搭檔合作。這是所有成就偉業的企業家的共同點。無論是在日本還是在國外，取得巨大成功的企業家，他們大多都和專業、擁有不同優勢的人組成了團隊。

典型的例子有索尼（Sony）的井深大和盛田昭夫、本田汽車的本田宗一郎和藤澤武夫等理科和文科、技術者和管理者的典型組合。松下幸之助在松下電器創業初期也是，自己負責研究開發，而業務工作則由他的妹夫，也就是之後創辦三洋電機的井植歲男負責。

在美國矽谷，創投公司為了支援新創公司的創業者，會帶來經驗豐富的管理者來協助缺乏經驗的創業者，這已是通例。典型的例子是紅杉資本（Sequoia Capital）為剛剛成立時的谷歌帶來了艾瑞克・施密特（Eric Schmidt）。

施密特彌補了賴利・佩吉（Lawrence Page）和謝爾蓋・布林（Sergey Brin）的不足，奠定了谷歌穩定發展的基礎。他也因在幾年前按計畫辭去CEO、讓位於佩吉而成為話題人物。

▼能充分發揮自我優勢的工作方式

開發「蓋洛普優勢識別」的蓋洛普公司，曾對全球數千家企業進行調查，他們發現了能分辨出生產性高的組織的十二個問題。其中最有影響力的是下面這個問題：

「在工作上，你每天有沒有機會做對自己來說最好的事？」

據說全美有百分之三十二的職場人士回答「是」，但在日本的企業裡只有一半，即百分之十五左右。

這當中也有上司的責任。如果上司進行優勢指導，關注部下優勢，他的員工中有七成的部下會回答「是」，但在上司不關注優勢的部下當中，回答「是」的人只有一成。

對自己的優勢不關心的人也不會關注別人的優勢。這樣的人不只會在意自己的弱點，更會介意部下的缺點。在看待組織或公司內部情況時，也會採取相同的方法。在意弱點、關注缺點型的員工，只會注意所屬部門和公司的不足，和其他公司比較時，也只去關注比較處於劣勢的部分。

這導致這些人無法掌握自己公司的優勢和卓越性，因此也無法運用其優勢做出成績。由這種思維結構的領導者組成的組織或公司，很難有持續性的長期發展，員工的滿意度也不會太高。

而有些人卻很幸運，可以遇到關注員工優勢，並提供工作或機會來磨礪員工優勢的公司或上司。在這種上司的領導下工作，他們即便遇到多麼困難的事情也會堅持下去，因為這是加速自我成長的機會。

不過，即便沒遇到這樣的公司或上司，也應該積極主動地工作，注意掌握自己的優勢，對自己負責，充實自己的職業生涯。不能毫無主見，盲目聽從公司和他人指揮，需要有自主意識，用心磨鍊自己的優勢。就像武士勤懇修行、磨礪自己的刀刃以備不時之需一樣。

如果判斷現在的工作不適合發揮自己的優勢，那麼就必須馬上尋找能夠發揮自我優勢的業種和職位，或是根據自己的優勢，在現在的工作中改變自己的工作方式。在不適合發揮優勢的公司工作，自己再怎麼努力也不會獲得幸福。所以我們必須馬上行動起來，去尋找那些能夠讓自己發光發熱的工作。

能夠在充分發揮個人獨特能力的領域奮鬥，才是持久成功的秘訣。至於那些能夠最大限度利用自己的優勢向新工作挑戰的人，我相信他們的未來一定會無比充實幸福。

總結

第四個技能　發揮自我優勢

Play for You Strengths

掌握自己獨有的優勢，將其應用在新工作上，能夠獲得極大的充實感。這些優勢也是可以協助我們克服逆境的「復原力肌肉」。認識自我優勢的工具有三個：

①VIA-IS

②蓋洛普優勢識別StrengthsFinder 2.0

③Realize 2

另外，「優勢指導」能夠有效地幫助接受適當訓練的人。

第五章

第五個技能：建立心靈後盾

Social Support

夏威夷可愛島的「高風險家庭」調查

當我們身處被迫克服困難的艱苦境地時，家人、朋友和同事都是不可缺少的後盾。絕大多數人回想起過去，都認為僅僅依靠個人力量是無法從困難中再次站起、重新振作、繼續成長的，因此非常感謝那些幫助過自己的人。「後盾」也是抗壓韌性不可缺少的構成要素。

因此我們需要從日常生活中，就有意識地去培養這種「社會支持」。

研究發現，這些「心靈後盾」可以在痛苦的時候鼓勵我們、給予我們心靈的支持。從長遠來看，他們的存在與否會帶來顯著的差異。

研究人員在夏威夷的可愛島上進行了長期的抗壓研究。他們挑選了七百多名孩子，從一歲開始，在兩歲、十歲、十八歲、三十二歲一直到四十歲時，對他們進行追蹤調查。

孩子的挑選並非隨機，他們都來自「高風險家庭」，即出現父母過世或離婚等情況，比起普通家庭的壓力要更大，孩子會受到較多負面影響，會受到政府關注的家庭。其他調查結果顯示，在這種家庭裡長大的孩子，容易出現心理發展障礙、注意力不足及過動症、離家出走、不良行為等問題。

要改變這些孩子的家庭狀況並不容易。那些出身高風險家庭的孩子如何才能成長為心智健全的大人？為了找到這個答案，研究人員進行了大規模的調查。

在調查中，出現了解決該問題的希望曙光。被調查的家庭中，有超過三分之一的孩子成長為心智健全的大人。

出現同樣問題環境的家庭，為什麼會產生如此大的區別？主持研究的艾米・沃納博士（Emmy Werner）認為有三個原因。

第一個是本人的思考方式。在不幸的家庭裡能健康長大的孩子多數都有積極的性格。他們通常樂觀並充滿希望，在青年時期就形成了「自己可以克服困難」的心態。這也許會受遺傳的影響，但是透過專注和習慣也能培養積極向上的性格。如今的他們就是最好的證明。

第二個是家人的羈絆。高風險家庭基本上都是單親家庭，但是還會有祖父、祖母或叔伯姨姑等長輩的照顧。調查發現，至少與父母一方的家庭有很深羈絆、生活正常規律的孩子抗壓韌性較強，更能健康地成長。

第三個是地區的援助。這些孩子中，有些得到了同條街或同村長者和平輩友人真誠的幫助。特別是學校的恩師或教會的牧師會成為他們的榜樣，和人生諮詢的對象，他們之中很多人會毫無保留地幫助孩子，使其健康成長。

沃納博士透過對孩子們的長期追蹤採訪，得出這個結論：

「我們發現，那些抗壓韌性強的少男少女們通常不會消極應對惡劣環境。相反地，他們會積極地尋找機會去與他人商量和求助，以讓自己的人生朝著積極的方向發展。」

那些受家庭、地區等社會支持長大的孩子們，沒有輸給家庭環境的逆境，他們無論在身體上還是精神上，都獲得了積極健全的成長。

沖繩長壽村的長壽秘訣

大家是否知道百歲人瑞的研究？這個研究是指為了找出超過一百歲的長壽老人的共通點而進行的研究，特別是在平均壽命名列世界前茅的日本，這種研究非常多。

《藍色寶地：解開長壽真相，延續美好人生》的作者丹．布特尼（Dan Buettner）採訪了世界各地居住較多百歲人瑞的地區，以揭開長壽的秘密。作者認為，世界上有四大長壽之地。

這四個長壽之地包括哥斯大黎加的尼科亞半島、義大利的薩丁尼亞島、美國加州的羅馬林達，還有日本沖繩縣的大宜味村。對這些長壽之地的調查發現，那些超過一百歲還精神矍鑠的老人們長壽的秘密在於以下九個原則。

持續適度的運動，吃飯八分飽且不攝取過多卡路里，吃蔬菜等植物性食物，適量飲用紅酒，有清晰的目標，不急於求成，有信仰，家庭至上，與他人有所連繫。

這其中我比較有興趣的是最後兩點，「家庭至上」和「與他人有所連繫」。重視與家人和他人的關係可以促進長壽。

在生活了一個世紀之久的漫長時間裡，可以想像會遇到很多痛苦的事情。那些跨越了逆境，現在依然元氣健康生活著的百歲人瑞們，一定培養出了自己的抗壓韌性。日本最長壽的村子沖繩縣的大宜味村裡，最有精神的是一位人稱「牛婆婆」的老人家。她可是大名人，曾經參與過表現正向心理學的紀實電影《Happy》的演出。

以下是她在一百零五歲時接受媒體採訪的內容。

牛婆婆現在每天都要喝三十度以上的地酒，在女兒們的拍手伴奏中高興地跳舞。不僅日本國內，國外也有很多人來到她家向她請教長壽秘訣。

她的女兒菊江女士（七十九歲）說，老太太很高興自己能夠鼓舞別人，來的客人們也說，感受到來自老太太的活力。

一九八七年，大宜味村的高齡健康人口比例位居日本第一，所以被稱為「日本第一長壽村」，一九九六年被世界衛生組織（WHO）認證為「世界第一的長壽村」。

要知道，在這裡沒有一位高齡老人長期住院。

牛婆婆說，她從生下來到現在從沒看過醫生，不過，醫生建議她就算只是來聊天也好，可以多來醫院走走。

自認是「戀愛體質」的牛婆婆現在還在找男朋友。她拍著手笑說，為了找男友，自己總是臉上拍粉、頭上抹油，還不忘噴上法國人送的香水來打扮自己。

從這個非常積極活潑的老太太開始，人們發現，大宜味村高齡老人的特點就是他們和身邊的人以及家人的感情極其密切和深厚。

有了後盾的支持，有麻煩時就可以跟他們商量，可以真正地依靠他們，有助於「復原力肌肉」的形成。

▼帶來幸福的「親密感」與招致不幸的「孤立感」

人與人的「親密感」是我們幸福的原動力，也是使人生更豐富的秘訣。正向心理學家彼得森博士在一次採訪中針對「簡而言之，正向心理學的精髓是什麼」的問題，說出了有名的回答。

「Other people matter.」

也就是「他人很重要」。這是很簡單的回答，但也是經過科學論證的「他人對自我幸福感極具重要性」的事實。

我經常對學生說，正向心理學的知識和「老奶奶的智慧」很相似。正向心理學中，經過科學論證而得出的判斷中，很多都並非什麼新奇道理。但這些再理所當然不過的道理，卻很少有人真正去實踐。

因此，當老奶奶講給孫子的生活智慧，化身為具有高度重現性的科學知識時，正向心理學就能給人們帶來信賴感，使人們形成新的習慣和動機。

人與人的緊密關係才是人生中知足感和幸福感的源泉。其實這也是古往今來人們口耳相傳的老智慧。

曾有調查發現，和戀人、家人關係親密的學生，學習成績較好，學校生活也較充實。和他人有密切關係的人容易從疾病中恢復，甚至也比較長壽。另一個調查發現，和家人、鄰居保持良好關係，並得到他們守護的人，要比在孤獨環境中生活的人平均長壽七年。

結婚也是建立高度親密度關係的方法之一。現在包括日本在內的已開發國家的晚婚情況日益增多。其中一個原因就在於「即使不結婚，一個人也能享受快樂人生」的「單身貴族」式思想。

但是，調查發現，已婚者比單身者擁有較高的人生滿意感，而且身心也較為健康，特別是結婚之後的男性比單身男性的平均壽命要高（不過還未發現女性在婚姻和壽命的關聯性。女性跟男性不同，她們如果有終生保持親密關係的同性朋友，壽命會增加）。

即使結婚了，夫妻間的親密度依然很關鍵。現在有很多夫婦分居，如果結婚但是親密度不高的話，幸福度也會降低。但有意思的是，在各國幸福度排行榜上常常排名前幾名的丹麥，離婚率卻很高。這是由於丹麥的社會保險制度非常完善，即使是單親家庭，也不必擔心生活或子女養育問題，和日本人相比，丹麥人更重視個人主義，一旦夫婦分居，他們可能會優先選擇個人幸福而離婚。

現代日本存在著「獨居社會」的問題。獨自一人生活的老人不斷增加，特別是男性，很多都孤孤單單。孤獨感和幸福感成反比，也就是說，人的孤獨感愈濃，幸福感就愈低。

在公司裡，親密度也非常重要。如先前講到的蓋洛普，該公司曾做過一項關於高效率團隊的調查，在訪問全球一萬多位商務人士的十二個問題中，其中一題就是「職場中有無稱得上好友的人」。是否有能夠商量解決難題的親密同事，也會左右工作動力。

同期同事是珍貴的後盾

公司裡可以交心的同事中，要多關注那些跟自己同一時期進入公司的人，只有同期同事才能跟你輕鬆聊天、開玩笑、排解鬱悶、緬懷過去、感歎現在。他們和學生時代的同班同學不一樣，和你有更為特別的關係。關係親密的同期同事可以成為自己很好的社會支持。

不過，現在企業對應屆畢業生的錄用率有所縮減。和過去相比，能被稱為同期的人逐漸減少。並且現在的企業員工中，約有三分之一是派遣員工或兼職人員，他們也不會有什麼「同期同事」的觀念。今後，企業中的同期同事只會愈來愈少，可以說同期已漸漸成了稀有動物。

我是在海外工作時，領悟到同期同事的重要性的。當時，海外工作中接二連三地出現了意外狀況，特別是剛開始的半年間，我的壓力非常大。家人也還不適應海外生活，精神上非常緊張不安，所以，我每天回到家也無法安心休息。

當時我就很渴望身邊能有個同期同事，能跟他聊聊天、吐吐苦水也好。但是當然海外的辦公室中並沒有同期同事。雖然和新工作環境的外國同事也建立起友好關係，但和能用日語暢所欲言的國內同期同事相比，還是有本質上的不同。

支持你的人就在身邊

當我在海外快要心力交瘁的時候，幫我走出困境的是我的家人。

有一晚當孩子們都睡了之後，妻子說有重要的事情商量，就把我叫到了飯廳。表情嚴肅的妻子說了一件讓我的吃驚的事。

「你有注意到嗎？吃飯的時候，兒子一看到你的眼睛就說不出話來了。」

「說不出話來？」我很驚訝，我從未注意到兒子看著我的眼睛會說不出話來。我想，這可能是因為我在和家人吃飯的時候，腦子裡盡是轉著公司的問題和對未來的不安，負面情緒一直惡性循環著。

所以，兒子每次跟我說話時，看見我的眼神空洞無物，像幽靈一般，就感到非常害怕。而且在休假日，兒子看到我在忙，深怕打擾我，就故意壓抑想跟我玩的心情，自己在房間看書，好讓我獨處。

我非常震驚。我一直被負面思考囚禁著，跟孩子在一起也不能真心地和他交流。自己總是處於「魂不守舍、心不在焉」的狀態。

「人的一生中有幾個決定今後人生的關鍵瞬間」，這句話我曾在很多書中讀到過，當時覺得有些誇張，但是聽了妻子一番話後，我覺得這個瞬間來臨了。一種必須自我改變的深深的危機感，在那一瞬間湧現。

「拚命努力地追逐幸福，最後只會不順利不開心，倒不如就這麼不幸地將就湊合著過去吧。」那時候的我習慣了自己的不幸，甚至覺得這種不幸很輕鬆。

但實際上，這是我的不安所產生的迴避行為。我無法擺脫負面情緒的惡性循環。心中有魔鬼的低語引誘，「不幸也無所謂，這樣比較輕鬆」。抗壓韌性低的心靈輸給了魔鬼的誘惑。

我聽了妻子的話，終於有所醒悟。當兒子說「爸爸很怪」的時候，我開始轉念：「什麼也不做，事情是不會出現轉機的，不能光期待著好運會自己降臨，自己必須主動想辦法走出人生低潮。」

心裡的痛苦源自於自己，不安的原因也來自自己，不幸的責任也在自己身上。這不是別人的問題，也不是外部環境的問題，問題出在自己，只有想到這些才能真正地思考自己的責任，這時總是指責別人的手指，才會扭轉一百八十度指向自己。

這就是「主動努力改變現狀」的強烈意識覺醒的瞬間。同時我也發現，孤軍奮戰並不能打破目前的困境。

在這之前我總是很驕傲，認為「自己一定能解決所有問題。一路走來都是這樣，根本沒有必要靠別人」。實際上，這並非表示自己很厲害。只不過是一種自以為是的自卑感，不想要別人幫忙，不想讓別人覺得你連自己的事情都解決不了而已。

但是，「無論如何都要從這種負面情緒的惡性循環中擺脫」的強烈意志，讓我變得謙遜起來。因為傲慢帶來無知，而虛心能使人成長。

受到家人的提醒，我變得謙遜，並開始坦誠地跟妻子談起我的煩惱。妻子也曾在同家公司工作過，她也能設身處地地傾聽我的感受。從那天起，我就真正地重新振作了起來。

與人交流的「療癒」效果

與信任的人分享痛苦體驗，可以達到緩解負面情緒的療癒效果。著名的正向心理學者佛瑞德・布萊恩特博士（Fred Bryant）認為，療癒的原因在於「對話行為本身就是喜悅快樂的體驗」。喜悅和愉快所產生的正面情緒，會抵消原有的負面情緒。

一般來說，人和要好的朋友在一起時總是笑容滿面。曾有調查發現，和他人在一起時，要比孤身一人時多笑三十倍。和他人在一起時會自然地產生「玩樂心理」，愉快的情緒會產生喚醒創意和喜悅的機制。

有痛苦體驗的人，和信賴的家人、好友、諮詢師或治療師在一起時，為了讓對方聽懂自己的意思，會將注意力由自己轉向他人，因此自身的自我意識就會相對下降。

患有憂鬱症等心理疾病的人，大多很在意自身的問題，總是擔心別人會怎麼看自己，會不會招來惡評，會不會被比較被批判等。從某種意義上來說以自我為中心的意識較為強烈。

當他們接受專業諮詢師的治療後，就會有所改變，因為對話溝通出現了效果。那些想要和人分享的渴望，甚至會讓他們注意到日常生活中的小確幸。因為，他們在回首過去，尋找歡樂時光，想要重新回味當時的美好心情。

而我則是得到了妻子真正的安慰和支持。我身上長期積壓的壓力和疲勞，包括負面情緒都一掃而光，以全新姿態回歸工作。工作上雖然還是會遇到問題，還是會出現壓力，但只要想到有人和我一起分擔痛苦，精神上便產生了前所未有的復原力。

▼ 有家人做後盾的傳奇企業家賈伯斯

說到受到家人支持而走出困境的人，我首先想起了史蒂夫・賈伯斯（Steve

Jobs）。賈伯斯的一生輝煌矚目，鑄就了無數非凡的成就。他與史蒂夫．沃茲尼克（Stephen Wozniak）創立了蘋果公司後，不到五年時間就使其發展成為價值一億美元的企業，他在二十五歲左右就持有了價值兩億美元的股份。年輕有為的他受到媒體的大肆追捧。

但是，隨後他就被迫暫時離開公司，後來，卻又以臨時CEO的身分回到處於困境的蘋果公司。他回來後，連續推出了iMac、iPod、Apple Store、iPhone和iPad等一系列革新性的產品和服務，由此讓蘋果公司成功轉虧為盈，迎來了曙光。當時蘋果的市值超過宿敵微軟（Microsoft），成為全球最有價值的公司。

除了蘋果公司外，他還從喬治．盧卡斯（George Lucas）手中以一千萬美元低價收購了擁有CG動畫製作技術，在當時卻看不見未來性的皮克斯動畫工作室（Pixar Animation Studios）。之後，在賈伯斯的帶領下，皮克斯接續推出了多部話題及票房雙贏的動畫電影，其中包括全球首部完全由電腦製作的動畫長篇《玩具總動員》。二十年後，賈伯斯又將皮克斯以七十五億美元的價格賣給了迪士尼，是收購價的七百五十倍。他成為迪士尼的最大股東，進入了董事會。不光是電腦產業，他在音樂、電影、通訊產業都是響叮噹的重要角色。在眾多崇拜者的哀歎惋惜中，這位傳奇的企業家和智者，在五十六歲的黃金年齡就離我們而去了。

賈伯斯雖有著讓人羨慕的成功事業，但是他的人生卻坎坷不斷。他剛剛生下來就被別人收養，「被親生母親拋棄」這一點嚴重傷害了賈伯斯的自尊心，形成了長期的心靈創傷。上大學後（大一後期便輟學），他不顧學業，一頭埋進東方哲學之中。十九歲時，他和朋友為了拜師來到印度喜馬拉雅，漫無目的地旅行了好幾個月。他還去史丹佛大學附近的禪修中心向日本老師學習坐禪，試圖填補曾遭母親拋棄的創傷所帶來的空虛感。

這種心靈創傷與賈伯斯想要展示自我力量的強烈渴望密切相關，它也促使賈伯斯努力向世界證明自己的內在動機。他一方面透過修行來追尋內心的寧靜，另一方面也以企業家之姿，不斷在蘋果公司推出革新性的產品，努力達成世俗所認定的成功。

以坎坷的過去和負面情緒為反彈力，他實現了飛躍性的成功，但是在他面前還有一個巨大的困境，那就是他被迫離開了自己一手創辦的蘋果，而且使他離開的人，正是他自己辛辛苦苦說服、提拔上來的CEO。

那時候的他想工作卻無法工作，想為公司奉獻卻無用武之地。對於摩拳擦掌、滿懷熱情和野心的年輕賈伯斯來說，這種處境幾乎是地獄。同時，這個悲劇也深深傷害了三十歲的賈伯斯的自尊心，使他喪失了鬥志，陷入了精神低谷。之後賈伯斯賣掉他在蘋果的股份，和之前的優秀同事準備成立NeXT公司，但是創業初期公司狀況極其困難。公司多次出現了裁員危機，為了確保公司不會倒閉，賈伯斯不得不分割了自己的資產。有段時間他的個人資產竟然減少到了離開蘋果時的四分之一。

這種人生停滯、精神困頓的狀態大約持續了十年之久。從創立蘋果到辭職前的第一個十年，他享譽世界，受到社會的矚目和讚美，而第二個十年卻是他無法忍受的痛苦時光。

支持賈伯斯挺過這「失落的十年」的，是他在失意時期邂逅的妻子羅琳（Laurene Jobs）和他的家人。賈伯斯離開蘋果四年後，應學生的邀請來到史丹佛大學教課。他倒也不討厭和優秀的年輕人聊天，況且學校離家又近，走路就能到。

在商學院授課期間，賈伯斯便邂逅了當時攻讀ＭＢＡ的女學生羅琳。兩人一見鍾情。一年半後兩個人就在賈伯斯的禪宗導師乙川弘文的主持下舉行了肅穆的佛教結婚儀式。婚禮只有至親參加。

三十六歲時賈伯斯當上了父親。長子出生了，之後還有兩個女兒。當上父親的賈伯斯滿懷父愛。不同於其他億萬富翁，他們住在極為普通的社區，一家五口和樂融融。

雖然由於NeXT和皮克斯動畫公司的狀況在當時沒有什麼起色，一家在經濟上不如之前寬裕，但是遇見了羅琳，賈伯斯實現了精神上的滿足。雖然在蘋果沒有他的容身之地，但是新組建的家庭卻給他帶來了寧靜和精神上的安慰。在這裡，賈伯斯恢復了精神和精力，重新殺回了商業戰場，發揮自己的力量，跨越了嚴酷現實的壁壘。

賈伯斯與妻兒的深厚感情自始至終支持著他，讓他養成了超越商戰的困苦和逆境所必備的抗壓韌性。如果沒有了家人的支持，也許連傳奇的賈伯斯也會由於精神上的迷茫而退出商界，放棄未來的成功。

緊密的員工向心力可以協助企業跨越逆境

前文我已說明過，得到真心支持自己的後盾，以及家人同事的親密關係對鍛鍊個人的「復原力肌肉」非常重要。而企業的「復原力肌肉」的鍛鍊方法也是一樣的。

企業中有表示金錢和資產的「經濟資本」，和表示企業員工的「人力資本」，還有因難以數據化呈現而容易被忽視的「社會資本」。在研究繁榮型組織的「正向組織學派理論」中，「社會資本」也是那些能夠不斷提升業績和員工滿意度的企業特徵之一。

在我的工作中，讓我深深體會到社會資本的重要性的，是去長野縣伊那市的寒天工廠「伊那食品工業」拜訪的時候。這家被稱為「寒天爸爸」的公司在家庭主婦之間非常受歡迎，而且在企業家和從事人資工作的人看來，這是一家連續四十八年增收增益的日本優秀企業。

伊那食品工業的本部位於綠意盎然的「寒天爸爸花園」中。二層樓建築的辦公樓裡大約有三百多名員工，沒有隔間的辦公設計，使員工站起來就能看見其他同事，不用打電話或寫郵件，只要喊一聲，就能在辦公處的某個角落聚集起來討論工作，實現了透明有效的內部溝通。

當時我是去做新舊員工還有管理階層幹部的採訪。其中讓我留下深刻印象的是進公司第三年的女員工，她說：「我們公司除了社長和會長之外都用普通稱呼。」因為相互之間關係融洽平等，稱呼上司的時候，加上職務稱呼會變得不自然。伊那食品工業的以下「規定」，形成了它現在的社會資本：

◆每天早上，「寒天爸爸花園」的全體員工進行打掃

◆每年一次全體員工旅行（提前半年準備）

◆下班後舉行各種迎新送舊會、慶生會、慶功宴

◆假日參加社團活動（假日社員也多在一起）

由於跨部門和跨年齡的交流活動多，包括工廠員工在內的絕大部分人都認識彼此。這絕對是件了不起的事。

豐厚的社會資本成為伊那食品工業的優勢，「透過讓員工幸福，為社會做出貢獻」的企業理念也相當有名。我從中堅的資深員工的談話中，也深刻感受到了這種理念。

其實，伊那食品工業也經歷過逆境。二〇〇五年，因為電視健康節目對「寒天對人體有益」的宣傳迅速擴散，寒天的需求急劇增加，掀起空前的「寒天熱」。同時，人們也發現含有寒天成分的食物纖維對身體有益，這推動了一股寒天減肥熱潮，所以寒天產品一下子變得如日中天。商店的產品頻頻斷貨，工廠晚上不加班生產的話根本無法應付大量訂單。

那年公司整體收益增加了百分之四十，營業額達到數十億日圓的規模，但是在採訪中我發現，回想起那段業績爆發的時期時，管理階層幹部的表情卻非常悲傷。我第一次

見到員工因為公司的營業額飛躍性增加而非常痛苦的情況。

實際上，為了應付急劇增加的市場需求，工廠不得不大幅度增加輪班數。考慮到工廠員工的生活，以員工幸福為理念的公司左右為難。但是寒天是針對醫療機構和中老年人的商品，供貨不足會對患者有影響，考慮到消費者，公司不得不決定擴大生產。

但是高強度的工作讓員工筋疲力盡，員工狀態很差，引來地方人士的擔憂，管理階層幹部坐立不安，心裡很難受。

不久，寒天熱潮退去，伊那食品工業的營業額比起前一年大幅下降。持續四十八年的增收增益也因此止步，但是管理階層並沒有因此動搖，因為他們當時就認為寒天熱不過是暫時的，沒必要增加生產線設備或是緊急增加員工人數，所以在經營面上並沒有出現大問題。

但是，已經適應增收的員工，每個月看到銷售數字都比去年同期要低，感到非常痛苦，成了一次精神考驗。員工們認為，銷量要比前一年好，企業能夠繼續不斷地穩定成長，員工才能安心幸福。公司和自己要同步成長，自己的將來才有希望。

我們可以說，當「寒天熱」結束，該產業迅速冷卻時，伊那食品工業能夠回到先前的增收節奏上，原因要歸於企業理念中，管理階層和員工之間深厚的感情所形成的社會資本。

顧客的支持讓我重新振作

我在工作上，也曾經受到別人支持而從逆境中重新振作。那次危機來得毫無預兆。當時，在中國出現了關於進口化妝品的謠言，其中也牽涉到我負責的高級化妝品。

「不會吧，中國？謠言？」對此狀況我完全一頭霧水。在收集各種資訊的過程中，陸續出現了各種愈來愈麻煩的問題。中國某個省對進口化妝品進行了成分檢驗，結果判定日本和歐美製造商所銷售的保養品牌當中，含有該省不認可的成分，中國媒體對這件事做了大幅報導。

而且我們的品牌還成了眾矢之的。電視新聞、網路報導、隔天的報紙都登載了我們品牌的代表性產品的照片。而包括資生堂、高絲等其他日本品牌，及雅詩蘭黛、倩碧、蘭蔻等歐美化妝品牌，在報導中僅是被稍微提及而已。這次的事件可說是對我們公司品牌形象的重大打擊。

在那個時候，因為第一次安倍內閣的靖國神社參拜爭議，引發了政治關係惡化的問題。日本與中國間的關係滿布烏雲，在中國熱賣的日本製商品被當做了敵視對象嗎？我當時是這麼臆測的。

幸運的是，因為我們的品牌形象在日本非常深植人心，贏得了日本消費者的信賴，在日本完全沒有受到惡評風潮的影響。中國國內的騷動沒有動搖日本市場。

不過，在中國、香港和臺灣市場的銷售都遭受到沉重打擊。隨著時間拉長，媒體的報導更是甚囂塵上，愈來愈多的客人到百貨專櫃投訴，最後管理階層認為這樣下去有可能威脅專櫃人員的安全，於是決定關閉中國國內所有的專櫃。於是明明商品還有庫存，但突然就出現了零銷售的狀況。

百貨公司專櫃無法馬上撤櫃，原本排定的電視廣告也只能中止，並且無法收回高額的廣告費用。隨著持續的零銷售和巨額支出，公司出現了龐大的財政損失。

我負責的是日本和韓國市場。就在中國的風波出現幾天後，韓國的電視和網路媒體上也出現了同樣的惡評風潮，公司品牌官網上消費者的投訴和抱怨更是暴增。出現這種情況，一方面是因為公司產品進入韓國市場還不到七年，經營時間尚短，韓國消費者對品牌的信賴感比較脆弱。另外，當時的日韓政治環境也不理想，韓國的反日媒體給予我們狠狠的重擊。

受到媒體的影響，不少老客戶減少了商品購買，新客戶更是完全停止購買了。原本每年營業額都穩定成長，市佔率也來到坐二望一的的關鍵時刻，所以受影響的相關單位都非常失望。

當發現我們公司出現這個問題後，韓國國內的保養品牌開始進行敵對性宣傳，對我們的客人提供折扣等特別促銷。因為他們的專櫃人員僅僅是口頭宣傳，所以我們也無法正面應對。百貨公司的專櫃員工看到平時總是門庭若市的櫃位變得冷冷清清，顧客被旁邊的競爭對手搶去，心裡也很難受。

如果這是公司內部的問題，那麼公司要做自我反省。但是，由於政治上的問題而出現了惡評，我和一起負責韓國市場的同事都是啞巴吃黃連，有苦說不出。

要從「中國危機」中重生，作為這個品牌的韓國市場負責人，首先要做的就是重塑品牌形象。在研發部門迅速調查下，我們確認了產品成分沒有問題，但是受到惡評損害，下降的品牌形象不可能馬上回升，營業額也無法提升上去。

在這個最痛苦的時期，鼓舞我們的正是我們品牌的愛好者。有些客人竟然親自來到百貨專櫃上，不顧惡評和負面報導，直接給予專櫃人員溫暖的鼓勵。客人說，即便是旁邊賣場的化妝品在打折，他們也從來沒有動搖過。也有一些顧客儘管家裡保養品還沒用完，還是跑來專櫃購買新商品。我們聽了這些事情後深受感動。

寶僑一直秉持著「顧客才是老闆」的哲學，不能因為上司的臉色而畏畏縮縮，而應該面向社外，常常問自己如何服務才能提高客戶的生活品質。因為在商店選擇了自己公司的產品、支持著公司發展的正是這些客人。這是作為一個消費性產品製造商特有的工作哲學。

「覺得自己是受害者，光是抱怨並無濟於事。必須認真思考能為客戶做什麼，為社會貢獻什麼，然後確定行動計畫！」品牌愛好者的鼓勵，重新喚起了我們想要重新振興品牌的意志。一旦意志被點燃，韓國員工比我們更加有力地果斷行動了起來。態度變得認真積極後，眾多的創意被激發出來。

「我們要不要為喜愛我們品牌的客人提供一些特別的服務？例如來到專櫃的客人就能得到花束，或是提供免費按摩等服務？」

「不光是客人，還有很多雜誌記者很喜歡我們的品牌，沒有拋棄我們。能不能以公司名義寫感謝信給他們？」

「一些中級百貨的採購長久以來給予我們很大的支持，也還在拚命堅持。我們就從這些百貨重新出發，爭取提高營業額，來證明我們品牌的重新崛起怎麼樣？」

「要不要請日本美容部的資深員工過來，挑選一些店鋪進行強化待客能力的培訓？那些中級百貨還可以從資深培訓師身上學習到提高營業額的秘訣。」

匯集了許多來自一線員工腳踏實地的創意，我們實際看到「重振品牌」這一目標的曙光，又再度有了自信和希望。以此為契機，之前灰心喪氣、以為從此一蹶不振的品牌開始了它的重振之路。雖然之後也遇到了障礙和難題，但是我們懷著對老客人的感恩之心，解決問題、克服困難，比預計更快渡過了這次危機，恢復到了危機之前的水準。

雖然我們損失了很多，但是我們團隊的最大收穫是理解了「品牌真正的資產是什麼」，那就是喜愛和支持著品牌的客人、美容記者和小商店。這些痛苦中的深刻領悟是經歷逆境的全體員工最難忘的教訓。並且所有的團隊成員，在經過了這次的逆境體驗後都獲得了成長。

不久，透過引進新產品、起用新代言人、製作新廣告新宣傳等各種強化品牌形象的操作，在那次危機過去幾年後，品牌終於在韓國市場站上最領導地位。我至今猶記得，在慶功晚會上，我和韓國團隊的幹部一邊以香檳乾杯慶祝，一邊笑著感歎道：「那個時候如果沒有墜入谷底的話，也不知道能不能達到現在的成績啊。」是的，對我來說，從逆境中振作而迅速獲得成長的經驗，是我寶貴的財富。

頂尖諮詢顧問經歷的最艱難逆境

我是日本代表性的管理顧問大師大前研一的書迷。大前研一的眾多著作中有堪稱「管理指南」的戰略論，有實用管理書籍，還有幫助年輕職員提高工作技能的書籍，但是其中最能打動我的「逆境故事」就是《大前研一敗戰記》。

這本書與眾不同，特有的記者視角讓人感覺不到它是本關於諮詢的著作。這本書淋漓盡致地展現了大前研一的事業、思想、分析眼光，體現了他的批判性精神，書中還毫無遮掩地描述了大前研一失魂落魄、灰心喪氣的經歷。這是他的眾多著作中我最喜愛的一本，雖然已絕版，但幸運的話，可以在亞馬遜（Amazon）上找得到狀況不錯的二手書。

這本書可以說是大前研一的「自傳」。讀了書之後，你就會瞭解擁有強大抗壓韌性的人的成長過程。

大前研一出生於九州，幼年時期在橫濱度過。他從少年時期就爭強好勝，高中時期不去上課，沒日沒夜地沉迷在單簧管上。就算去學校也只是傍晚時去參加社團活動，吹單簧管。儘管如此，他每次考試都是滿分。在學校看來，他是個讓人頭痛的學生。

後來，大前研一進入早稻田大學理工學部專攻應用化學。但是，他覺得反正都是做研究，倒不如研究未知領域，所以從早稻田畢業後又來到東京工業大學研究所學習核技術工程。在就學期間，他深感「日本大學的核技術工程等級與美國的相關領域相較起來，真是差距甚遠」，所以，他之後又去了當時走在該領域最前端的美國麻省理工學院（MIT）留學。在彙集全球頂尖人才的大學中，他度過了「沒錢，沒閒，沒玩樂」的嚴峻學生生活。

他回首那段時期時說：「正是那段嚴峻時期造就了現在的我。即便是我的一切都化為零，只要回想起在MIT時的嚴峻生活，哪怕從明天起去地鐵工地做工，我現在都有自信可以活下去。」從這句話中我們可以看出他身上的抗壓韌性。

他在美國留學期間，因為樂器演奏的關係邂逅了之後的妻子珍妮，她從MIT畢業後追隨著在日立製作所研究核能開發的大前研一也來到了日本。不久，兩個人結婚了。但是珍妮和同住的大前研一的母親關係不是很和諧，這對大前研一來說是家庭內的「困境」。經過他的調節，婆媳關係得到了改善。從此以後，大前研一就非常重視與妻子的溝通。珍妮對他來說也是帶給他人生極大影響的人。

後來，因為不想繼續在一流的日立製作所工作，大前研一註冊了人力銀行尋求新工作機會。他偶然在朋友家裡看見麥肯錫（McKinsey & Company）東京事務所在英文報紙上的徵人啟事，就前去應徵。但是，面試後，多數面試官都決定不錄用他，只有一個人強烈要求錄用他。後來，錄用了理科出身且沒有MBA學位背景的大前研一一事，成為極具麥肯錫色彩的招募佳話。

於是，還不知道何時從日本大企業日立製作所離開的大前研一，便轉行進入了只有幾名員工的麥肯錫事務所。後來，他擔任了日本麥肯錫的社長、麥肯錫總部常務，成了全球最會賺錢的管理顧問。所以對當時的大前研一來說，這是一次需要巨大勇氣的職業生涯轉向。因為當時諮詢顧問行業還不太普及，從當時的全球標準看，麥肯錫的諮詢費非常高，開發客戶非常難，這也是當時大前研一的「困境」。

大前研一的這些考驗和他的工作筆記引起了《PRESIDENT》雜誌編輯的注意，之後集結成《企業參謀》並成為暢銷書，借此東風，麥肯錫即便不做廣告也會有客戶找上門來諮詢，形成了一個良好循環。

歲寒知松柏，患難見真情

在我看來，無論是人生還是事業的重大考驗，大前研一都處之泰然，將從零開始的職業轉化為叩響新世界大門的機遇。這種人是先天具備高抗壓韌性的典型。然而，這樣的大前研一卻經歷了自己人生最大的一次困境：在萬事俱備、勢在必得的東京都知事選舉中敗給了演員青島幸男。

在競選東京都知事前，大前研一成立了「平成維新會」，掀起了一場影響政壇的行動。因為一旦擁有大前研一這樣強有力的智囊做後盾，即使是政策制定能力不足的政治家也能如虎添翼，所以很多政治家和相關人士來與大前研一接觸、拉關係。

但是，當大前研一表明自己競選東京都知事的決心時，之前圍繞在周圍的人們態度突然發生了一百八十度大轉彎。

「為什麼沒有事前跟我們商量？」「我是會支持啦……但還是有各種困難……」當大前研一告訴他們自己決定親自參選時，之前支持自己的政治家和企業家態度發生了巨大變化。

那些因為管理諮詢服務而與他結識的管理階層和政治保守派開始疏遠他，支持他選舉的都是具有反抗精神的改革派。為了這次選舉，大前研一燒掉了包括麥肯錫退休金在內的六億日圓，他自己也騎著摩托穿梭在東京市區來回宣傳。即便如此，他還是敗給了閉門不出的青島幸男。

他說直到最後還全力支持他的人寥寥無幾，包括家人在內也都只是私下非常親密的人。這其中當然也包括了妻子珍妮。

有很多人在他選戰上遇到困難和痛苦，需要幫助的時候，只是嘴上說「自己會暗地裡幫忙」，卻什麼也沒做。還有幾十個人在他落選後音訊全無。所謂「歲寒知松柏，患難見真情」，指的就是大前研一這樣的經歷。

你的後盾在哪裡

為了培養抗壓韌性，建議讀者朋友抽空將自己的「貴人」，也就是對自己很重要的人羅列出來。這裡所說的「貴人」並非商業上的重要客戶等存在著金錢關係的人，而是那些在精神上能給予自己慰藉的人。當你痛苦、充滿矛盾、灰心喪氣時，就是這些「貴人」會給予我們精神上的支持。

那些「重要的人」和「給予我們心靈慰藉的人」不只限定在朋友和家人，還包括工作中的上司、前輩、同事或部下，又或者是過去受過關照的恩師或指導教授。

在培訓時，一個女學員分享了自己的故事。她曾經在旅途中受到了偶遇的陌生人的心靈撫慰。當時，她跟戀人分手後就一個人開始了海外的療傷之旅。旅途中她遇到了和她一樣獨自旅行的女性，這個陌生女子感同身受地傾聽了她在國內難以說出口的煩惱和痛苦。

當我們生病時，信賴的醫師或護理師也會給予我們精神上的援助。有很多護理師認為護理工作既有意義又有價值，他們努力工作，對病人滿懷關愛，希望自己能幫助患者讓身體跟精神都及早痊癒。如果患者住院時，能遇上這樣的護理師，可說是非常幸運。

小時候對我們付出無盡關愛，不求回報的祖父祖母，即便他們現在可能已不在人世，但當我們遇到重大問題、心情沮喪低落時，只要閉上眼睛回想一下他們曾經溫柔鼓勵的話語，就依然能感覺到來自他們的慰藉，他們的關愛並未離去，依然存在。

最重要的五個人

到底要有幾個「貴人」才比較合適？我建議大家謹慎地選擇排在前五名的人。我把這個方式叫作「五指原則（five fingers rule）」。判斷準則就是當你有需要時，這五人會放下手頭的事，優先幫助處理你的問題。當你遇到問題時，他們能給予你心靈上的支持。從平時就開始建立付出與獲得的關係，他們可以在非常時刻支持自己。

當然與這五人的信賴關係也不是一朝一夕就能達成的。當這五個貴人有困難的時候，自己是否也能放下工作或其他事情飛奔到他們身邊，在這樣的反覆行動及確認中，持續加深彼此的信賴關係。

比如說，我的兒子是我的一個「貴人」（實際上確實如此）。一次，他有重要的籃球賽在工作日傍晚舉行，他非常希望我一定要去看他的決賽，但是公司也在同一時間有重要會議。那我該怎麼辦呢？這時候就是考驗自己的時刻了。如果延後工作優先觀看兒子的決賽，也就清楚證明了兒子的優先權。

選出那些對自己很重要的「貴人」，能夠在自己痛苦的時候提供心靈慰藉的人，是培養抗壓韌性的準備工作。在選擇「貴人」名單時，要詢問自己以下幾個問題：

「對我來說，哪些人是重要的？」
「過去我遇到問題時，是誰設身處地和我探討並解決問題的？」
「誰時常鞭策我，支援我？」

這些人就是你人生中最有價值的珍貴財富。如果把你的人生比喻成電影，你是電影的主角，那麼這五個人就是促使電影成功的最佳配角。

▼讓你成為他人心靈後盾的「安撫」習慣

在列舉完五個心靈支持者後，接下來就換你去支持別人了。幫助他人的「利他之心」與「寬厚之心」的道德優勢，也是啟動自我的原動力。當一個人幫助他人時，他自身也會充滿幹勁。

那麼，如何才能成為他人心靈的慰藉者呢？有一個簡單有效的方法，那就是攀談。Plan Do See（PDS）公司將向員工打招呼稱為「安撫」，這種行為會受到經理等管理階層的獎勵。

PDS是飯店餐飲集團。它從神戶元町的東方酒店起家，之後在東京丸之內、京都、名古屋陸續開設餐廳，還率先開啟了原創婚禮宴會的服務。

PDS的多數員工都能感受到自己工作的意義。《日經BUSSINESS》每年公布的「有工作意義的公司」排行榜上，PDS連續多年名列前三名。PDS尤其受到年輕人歡迎，每年有多達四萬多應屆畢業生要爭取它的二十個職位，其中不乏積極熱情的優秀青年。

由於是飲食服務業，和商業公司、金融、管理顧問等其他產業相比薪資不高，某段時期因故取消了股票上市，大家也不是為了優先認股才來應徵。那些來應徵的年輕人認為「ＰＤＳ能夠把真心喜歡的好商品推薦給客人」「像這樣重視客戶的公司一定也能幫助自己成長」，所以他們才想在這樣的公司裡積累工作經驗，促進自我成長。

但是，在臨時兼職人員占重要比例的餐飲婚宴業，人力管理非常困難。餐飲服務多由兼職人員負責，必須每天小心謹慎地確保餐點和服務的品質，這種壓力會使員工身心俱疲。

這就是「安撫」發揮作用的時候了。

ＰＤＳ有一位總經理年紀輕輕就被提拔為京都的店鋪管理者。他的任務就是重振士氣低落的京都店鋪。上任之後，他馬上注意到人事管理這一塊存在問題。因為在店裡，他完全感覺不到ＰＤＳ應有的公司氛圍。

他認為必須激發整個團隊，構建ＰＤＳ風格的公司文化。所以總經理便把注意力放到營業額占比較大的婚宴部門上，他把婚宴部門從正式員工到兼職人員全部列表，並在每天的工作中加入「安撫」這個項目。

這是非常有計畫性的實驗。他為每個員工製作函數表。縱軸表示活躍度，橫軸表示「安撫」的頻率，同時訂定了提高士氣的行動計畫並開始實施。

上司時常和現場員工攀談，這就形成了上司和員工之間的互動交流，拉近了公司員工之間的關係。以前不怎麼交流的員工在「安撫」中也漸漸地敞開了心扉，願意和上司傾訴自己的煩惱。同時，現場員工也會覺得自家的總經理能夠理解員工，傾聽員工的聲音。這提升了雙方的信賴感，也開始出現來自一線員工的有效提案。

這項計畫獲得了極大成功。年輕總經理提出的「達成京都地區最高婚宴簽約率」的「最高目標」已經實現，公司也兌現了之前承諾給員工的海外旅行獎勵。高層透過「安撫」，為員工提供了精神後盾，實現了完美的公司重建。

總結

第五個技能　建立心靈後盾

Social Support

家人、朋友、同事、恩師等重要的人會在我們遭遇困難、精神低落時給予我們精神上的支持，鼓舞我們提早重新振作起來。

我們在平時就應該選出五個對自己非常重要的人，提前列出自己的「貴人」名單。

第六章

第六個技能：常懷感恩之心

Gratitude

感恩之心的種種好處

最後一個鍛鍊「復原力肌肉」的方法就是提升「感恩」這種正面情緒。感恩是受到別人幫助或遇到好事時自身產生的情緒，是一種深感自身幸運的情緒。

感恩是由自身內部產生的，但是這種情感卻是指向外部的。自己從別人那裡獲得恩惠時，心中會自動產生對該人的感謝之情；遇到什麼幸運的事情時，會感謝老天。感恩是人的各種情緒中非常神聖、深厚的部分。

人們很早就開始研究感恩。特別是正向心理學的誕生使得正面情緒的研究迅速發展，其中關於感恩這一情緒的研究也受到了眾人的關注。美國的羅伯·艾曼斯博士（Robert Emmons）是著名的「感恩」研究第一人。他認為，保持感恩情緒可以給心靈、情感、身體帶來各種各樣的益處。具體效果如下：

①提高幸福度

當感恩度高的人在遇到好事情時，好運氣帶來的情感體驗會持續更久、程度更深更強，從而會提高自我幸福感。感恩情緒能夠抑制我們腦中先天存在的適應能力。解釋適應能力時，我們經常會舉冰淇淋的例子。

比如說在炎炎夏日，你買了哈根達斯的冰淇淋。吃第一口的時候可說是口感絕佳，但是漸漸地，你會感到這種絕佳的口感在變弱變淡。

請再回想一下過去對某人一見鍾情的時候，在戀愛初期，你總是感到緊張悸動，無比興奮，和對方在一起，你的世界總是充滿無限的新鮮感。但是等過了幾個月之後，這種新鮮感開始消退，你漸漸習慣了對方，覺得在一起時已經遠不如熱戀時期那麼新奇有趣了。

其實，這一切都是我們大腦的適應能力所導致。比如，當我們持續受到疼痛等不愉快刺激時，身體就會適應這種刺激，來緩解疼痛感。但如果面對長時間的愉悅等正向刺激，這種愉悅感就會變得單調枯燥，人們會適應這種愉悅感，最終產生厭煩感。

因此，為體驗增加新意能夠防止適應現象的產生。但是新鮮感也不是萬能良藥。提升感恩之情的方法，也能達到和保持新鮮感相同的效果。

當我們懷有一顆感恩之心，就能把別人的幫助當作一種特殊舉動對待，而不會覺得理所當然。感恩之心可以讓一切事物變得新鮮，而這種新鮮感就能防止適應現象的產生。

②中和負面情緒

感恩之心也能有效地「中和」不安、鬱悶等負面情緒。所謂正負相加為零。

比如說，失敗時出現的不安情緒，是由於事情沒有按自己的預想進行，由此推測將來還會出現一連串負面的結果。但是感恩的情緒會讓你關注當下，關注現在自己所擁有的東西，而不是擔憂未來。而且包含感恩的正面情緒也會抵消負面情緒。這些情緒相互作用，能夠中和不安等負面情緒。

③促進身體健康

已經證實，經常懷有感恩之心的人不易得高血壓，並且免疫力強較不會感冒，可以保持身體健康。

④滿懷感恩之心的人有利他主義精神

這種利他精神會讓人自然而然地做出扶持、體諒和寬容他人的行為。這些行為並非追求回報的利己行為，並不在乎是否能收到受助人的感謝。即使沒有收到回饋，本人也會覺得做善事本身就是有意義有價值的，不會感到不滿足。

⑤**使人積極主動**

常懷感恩之心的人非常積極。他們不怕面對逆境，永不放棄。這是因為懷有感恩之心的人都會積極地認為，無論過去是何種體驗都有其內在的意義。

「感恩大爆發」的體驗

我也是靠著感恩之心，從過去的痛苦中掙扎起來重新振作的。當時的我，不單是懷著簡單的感恩，而是全身洋溢著強烈的感恩之情，簡直可以說是「感恩大爆發」。

事情發生在我接受培訓的期間。當時我的工作不斷發生問題，自己負責的新產品慘遭大失敗，光是填補這些漏洞就已經筋疲力盡了。那段時期，由於工作壓力和對未來的不安，身體吃不消，每天都睡不好覺。

在培訓的某個階段，培訓師問我：「請告訴我你目前為止所經歷過的一次危機或危險狀況。」那時候，腦子裡面突然浮現出過去的一件事。那是十幾年前的事情，幾乎都記不清楚了。因為對我的衝擊很大，我自己也把記憶封存起來了吧。相隔十幾年後，重新浮現在我腦中的經歷就是阪神大地震。

當時我隻身一人在神戶市東灘區生活，一九九五年一月十七日凌晨五點，隨著劇烈的衝擊聲響，我被震下了床。一瞬間根本來不及反應，在黑暗中睜大眼睛看了看周圍，房間裡一團亂，屋頂的電燈落在地上，燈泡摔得粉碎，書櫃也倒了，書亂七八糟地散落一地，餐櫃裡面的盤子、杯子被震了出來，冰箱也橫著倒下，冰箱門被震開了。

掀起臥室的窗簾向外一看，我腦子整個呆住了。眼前出現了猶如地獄般的畫面。水泥路裂開，電線杆折成兩段，路邊停放的汽車整個翻底朝天了，木造房子也成排倒塌，連鋼筋水泥建築也出現裂縫而傾斜了。

看到這幅慘狀，我決定馬上逃到外面去避難。當我踏出門外，感受到了比剛剛看到的景象更真實的慘狀。慘狀帶來的衝擊不光是視覺上的，還有感受上的不正常，因為周圍一片死寂，沒有半點兒聲音。

我走上縣道之後馬上就明白了那種死寂的原因。路上一輛車也沒有。路面都裂成了兩半。到街上避難的人們都是悶聲不吭，臉上看不出有什麼表情，多半是因為刺激太大而無法相信眼前的情景。

我到附近的小學操場避難時，被幾個陌生人攔住了。原來有房子快倒了，只有根大柱子勉強撐著天花板，但是一個老婆婆卻被困在房子裡面出不來，要想抬起那根柱子需要年輕力壯的人，但是好幾個大漢還是無法抬起柱子。他們安慰老婆婆，請她堅持一下等待救援隊的人來。不過，房子什麼時候會倒，誰也不知道，大家心裡都非常不安，但是我們什麼也做不了。當時我深深感受到了人的無能為力。

走過一個轉角，我看見幾個人在倒塌的房屋前合掌致意。我也不由得合掌默哀，旁邊的一個女士一臉慘白地輕聲說道：「謝謝您，我女兒也謝謝您。」

她說女兒正在準備私立大學的考試，每天總是念書到凌晨，但是那天，一樓的書房被二樓壓塌了，場面慘不忍睹。在二樓臥房的父母倒是沒什麼大礙，一樓的女兒恐怕已經不行了。「我只希望她走的時候沒有太痛苦。」看著她哭乾的眼睛，我不知說什麼才好，只是默默地合掌默哀。

我從未如此靠近過死亡。在我住的神戶市東灘區，遇難人數相當多，有大約四千人被奪走了寶貴的生命。

當我把這番話告訴培訓師時，他一向柔和的表情變得嚴肅起來，他對我說：

「你當時有沒有一種自己「倖存下來了」的感覺？」

我大為震驚，這句話刺痛了我的心。在這之前，我始終覺得活著是理所當然的，即使是地震受災時自己沒受傷也不覺得有什麼特別。

但是被培訓師這麼一說，我重新體認到，在那麼多受傷或喪命的人之中，我居然活下來了，還毫髮無傷，這不是奇跡是什麼？當體認到自己是「倖存下來的人」時，內心湧出了強烈而濃厚的感恩之情，心中感動不已，眼淚也抑制不住地流了下來。

這種前所未有的情緒佔據了我的全身。我找不到什麼適當的詞去形容這種體驗，只能稱它是「感恩大爆發」。這次「感恩大爆發」讓我的人生發生了大轉變。神奇的力量讓我「倖存下來」，有了這種強烈的感恩體驗，我才知道自己之前所有的痛苦和煩惱都如此渺小，不值得一提，為曾經因瑣事痛苦煩惱的自己慚愧不已。

「感恩大爆發」後，工作依然和之前一樣問題不斷。麻煩、緊急問題也頻繁發生，現實的狀況並沒有什麼好轉。但是自從我體認到自己的幸運後，之前的壓力已經不再是壓力了。也許是在精神上看開了，出現厭惡的事時情緒上也很少波動了。在流下感動的淚水之後，我表面上還是我，但內心已經煥然一新了。

現在回想起來，在體驗感恩大爆發的同時，我的復原力肌肉也一瞬間被強化了。

《航海王》主角魯夫在逆境中的感恩之心

在較多年輕學員參與的培訓課中，我經常以暢銷漫畫《航海王》來舉例。因為很能引起大家的共鳴，讓學生更容易理解我的意思。

故事場景是當主角魯夫遭遇人生中最大的困境時，他卻深深地感謝自己所擁有的東西，鼓起勇氣要重新振作。當你認為願望已經落空，感到無比沮喪失望時，請喚醒自己的感恩之心，它會給你帶來強大的力量，讓你重新站起來。這種體驗藉由魯夫的痛苦和再度振作，被作者精彩地畫了出來。

在和海軍異常悲壯的「頂上戰爭」中，魯夫目睹了哥哥艾斯的慘死，他心中充滿了強烈的罪惡感。艾斯是為了救自己而死，心中無比悔恨的魯夫變得自暴自棄，並自我傷害以忘記過去痛苦的記憶。這時候作為精神領導者的魚人吉貝爾這樣鞭策他說：

「不要光是哀怨自己失去的東西，失去的東西就是沒有了！你要好好想想現在還擁有什麼！」

魯夫聽到這番話才恍然大悟，他用手指數著自己現在擁有的朋友。一個人、兩個人、三個人……魯夫意識到自己還有八個無法替代的朋友，自己何其幸運。

感恩之心是深深感受到自己是如此幸運時產生的情緒。而且，要對自己的處境懷著感激之情。

如果滿腦子只在擔憂自己所失去的，抱怨自己一無所有的話，就無法產生任何感恩之心，只會陷入不幸、不安的負面情緒漩渦之中。

但是當你體認到自己並不是一無所有，還有寶貴之物在身邊時，感恩之心就會瞬間產生。就像魯夫，他的財富就是八個朋友。意識到這一點後，魯夫又重新站起來了。他不畏失敗，向新的目標發起挑戰（魯夫向雷利拜師修行），兩年後成了引導新時代的先鋒。

▼培養感恩之心的日記

無論誰都有感恩之心。在抗壓培訓的過程中，我注意到那些懷有感恩之心的人有個共通點，那就是他們普遍都將注意力放在自己現在擁有之物，而不是早已喪失之物上。

在日常生活中，我們應該有意識養成將注意力放在到自己擁有之物上的習慣。因為人很容易就會將注意力放在自己沒有或者欠缺的東西上，所以我們必須有毅力、有意識地改掉這個習慣。這裡有三個可以改變看待事物的角度、提高感恩之心的方法，包括「寫感恩日記」「想三件好事」和「寫感謝信」，首先來介紹「寫感恩日記」。

【感恩日記】

①在一天結束時，想想今天想要感謝的好事
②將這件事情寫進日記裡
③盡可能思考，為什麼會出現這種好事情
④然後滿懷著感恩之心合上日記本

書寫可以整理自己的思維，達到鎮定心神的效果，這些我在第一章也做過說明。這回介紹的「感恩日記」，不同於前面所講的為了排除負面情緒而寫，而是為了增進正面情緒而寫。

做為結束一天的儀式，在私人時間書寫「感恩日記」，將「自己如此幸運」的真實感受透過書寫，在心中刻下高純度的感恩之心。

書寫是用頭腦思考，把思考內容用手寫下，寫下的文字用眼睛去閱讀的綜合行為。運用在感恩日記時，更能從心感受到感恩的心情。可以達到豐富地體驗思考、行動、感覺、情緒的效果，並且又深刻又持續。

感恩日記寫完後帶著「又渡過了一天了呢」的感恩心情入睡，相信隔天早上也能用這種幸福的心情醒來。

我認為一個人早上起床的狀態決定了他這一天的幸福程度。那麼能否懷著幸福心態迎接清晨的關鍵，就在於我們以怎樣的心理狀態入睡。最理想的就是帶著感恩之心就寢。

在開會前分享順利進行的事情

第二個證實可以提高感恩之心的技能是「想三件好事」。

【三件好事】

①回顧當天所發生的事情，想出三件好事
②列出「值得感恩」「讓人感到幸運」的事情
③思考事情順利進行的理由

這種方法並非僅限於提高感恩之心。由正向心理學之父塞利格曼主導，關於信賴心理的調查發現，那些建立起每晚寫下三件好事習慣的人，大多數人的幸福感都提高了，同時憂鬱症的症狀也減輕了。

回顧好事也對工作有幫助。一般來說公司都是以營利為目的，所以很容易關注風險。像政府機構或銀行等特別想要避開大失敗的保守型組織，比起獲得成功的預感，它們會對失敗的徵兆非常敏感。一旦這種敏感成為企業風氣，員工就會害怕失敗，陷入迴避行為的惡性循環中。

這時候「回想工作上的好事」就是很有效的技巧。日本某外商ＩＴ諮詢公司便將這個技巧作為會議上的開場破冰。

這家公司提供客戶「六標準差（Six Sigma）」的業務改善方法。在導入這種方法時，首先要集合客戶公司的主要成員，進行腦力激盪，找出問題解決的方向。

但是，由於老是找不到解決問題的切入點，會議中充滿著無力感。還有一個資深員工坐在會議室最裡面，沒有參與問題討論。

但其實這個五十多歲的資深員工，正是該客戶公司最熟悉問題狀況的關鍵角色，不過他不願配合的態度讓人很頭疼。

因此，在腦力激盪開始之前，負責主持會議的顧問，就提議讓大家分享一下公司現在順利進行中的事情，目的是想提高正面情緒，製造充滿創意的會議氣氛。

沒想到這個「破冰」竟然發揮了意想不到的效果。特別是多為年輕員工的客戶公司，在聽到顧問這麼說後，表情瞬間明朗起來，這次會議的討論氛圍也比之前更加熱絡。雖然那位資深員工依然繃著臉一言不發地乾坐著，但其他員工卻毫不在意，熱烈地討論創意。

這時候卻出現了意想不到的事情。那位資深員工開始一點點地說出自己的意見了。這在以前的會議上從未發生過。

資深員工的觀點一針見血，贏得其他年輕員工的連聲讚歎。也許是受到鼓勵的緣故，資深員工愈說愈興奮，積極熱情地提出了很多意見。

最後這個會議就成了他的「意見發表會」。他一個接著一個地提出了很多創意和方案，簡直可說是將之前累積的沉默一次爆發。最後，也產生好幾個有價值的解決方案，腦力激盪也成功收尾。

從這件事情上我們可以發現，正面情緒會有漣漪效應。在顧問的「破冰」下，年輕員工透過分享工作上的「好事」而產生了正面情緒，資深員工也感染到這種情緒，因此他能夠敞開心扉，加入討論。

像這樣在會議中分享了工作上的「好事」，也能刺激並活絡工作。它不僅能提高感恩之心，也有利於提升個人的創造性和想像力，提高工作的滿意度和價值感。

▼無法當面感謝對方就寫信感謝

最後一個方法就是寫感謝信。

【寫感謝信】

①找出那些曾經照顧過自己、幫助過自己，自己卻沒有當面向其表達謝意的人

②向那些人寫出表達自己謝意的書信

③回憶那些人給了自己怎樣的溫暖和善意

④說出那些溫暖和善意為自己的人生帶來了怎樣的影響

⑤也要思考一下如果沒有那些人，自己現在會是怎樣的處境

⑥寫好的信，可以親自交給本人或郵寄，或是不送出自己收藏起來

這個方法最有趣的一點是，即便是對方並沒有實際看到自己信件的內容，寫信的人內心強烈的感恩之心也不會減少。在進行這個訓練時，有些學員回憶起往事，甚至感動得淚流不止。

事實上，見到本人，將信的內容讀給對方，直接表達謝意也非常有效果。感恩之心會更為濃烈及高漲。並且不光是寫信的人，連聽的人也會非常感動。

不過，雖然日本文化將表示感恩看做是社會常識，還是有很多人認為特意到對方面前讀出感謝信非常不好意思。那時，負面情緒的羞恥心會妨礙謝意的表達，恐懼情緒也會讓感謝之心無法充分提升。這些也取決於本人的性格和對方的狀況。

其實寫感謝信的機會比想像中要多。

比如說家人的慶生會、父親節、母親節、敬老日等。在工作上，我也舉出了JAL對幫助自己的人遞上「感恩卡」而互相肯定的方法。

我們可以利用所有的「紀念日」或值得慶祝的日子，向對方傳達自己的感謝之意。

希望大家能記得，寫感謝信不僅會給對方帶來喜悅，而且藉由豐富自己的感恩之心，也能達到鍛鍊自己「復原力肌肉」的效果。

總結

第六個技能　常懷感恩之心

Gratitude

受到他人幫助、遇到好事時，心中會產生感恩之心，這種感恩之心不僅可以提高幸福度，還能減輕壓力，減少不安。正因為如此，感恩之心也能有效地幫助人從困境和痛苦體驗中重新站立，再次振作。

提升感恩之心的三種方法：

①寫感恩日記

②想三件好事

③寫感謝信

第七章

第七個技能：從痛苦中汲取智慧

Growth from Adversity

跨越修羅場，收穫成長

有的人經歷過不幸，體驗過痛苦後獲得了令人驚歎的自我成長。在思考這種正向的反轉現象時，我腦中經常浮現出漫畫《七龍珠》。

《七龍珠》是從一九八四年開始在《週刊少年Jump》上連載長達十年之久的傳奇漫畫。它是世界上最暢銷的漫畫作品，已經賣出超過三億五千萬冊，銷量現在依然在持續增加中。

這套漫畫如此暢銷的秘密，我想就是主角孫悟空「跨越修羅場的成長」的故事吧。孫悟空經歷過一場又一場強敵對決，一次又一次地獲得了成長。他在師父的嚴厲指導下刻苦修行，和強敵苦鬥，在幾乎喪命的狀態中重新奮起，把自我力量提升到了新的階段。

有著戰鬥種族賽亞人血統的孫悟空在生死攸關時，身體會變得更加強健堅韌，血液會再生更新。

孫悟空跨越修羅場的過程也是強健身心的成長過程。日本的孩子們都興奮激動地持續讀著他的故事。其實，這種「修羅場裡的成長」不僅存在於漫畫世界，也存在於現實世界中。

這種成長事無法單靠計畫就實現。只有正視突發問題，體驗心靈動搖、情緒波動的痛苦並克服跨越它們後，才能獲得心靈上的成長。因此，我們不應該逃避困難和痛苦。即使感到不愉快，即使有精神上的苦痛，也要鼓起勇氣接受挑戰。只有這樣的人才能獲得真正的成長。

專家將這種改變稱為「ＰＴＧ」（post traumatic growth，創傷後成長），是指體驗過精神苦痛之後而獲得自我成長的過程。

奮力掙扎之人的五大成長

ＰＴＧ研究第一人是美國北卡羅萊納大學的理查．特德斯基博士（Richard Tedeschi）。他將ＰＴＧ定義為「在挑戰人生危機的過程中奮力掙扎而出現正面變化的體驗」。他強調的是「奮力掙扎」這一點。當一個人在超出個人能力範圍的危機中掙扎奮鬥並努力成功克服危機時，這個人的內心就發生了「正面變化」。特德斯基博士認為這就是ＰＴＧ。

那些遭遇創傷，奮起掙扎並成功克服困難的人，出現的正面變化無疑是心靈內部的變化，這些內部的變化他人是很難發現的。

大多數體驗過ＰＴＧ的人都會覺得自身內部的變化會帶來外部的成長，連家人和周圍的朋友都會看出雖然經歷了痛苦，但本人也發生了好的轉變。這是因為內心正面的變化會反映到身體外部。

在體驗過ＰＴＧ的人身上會出現五個變化：

第一個變化是在宏觀上，對「生」有了更多的感恩之心。就連之前毫不在意的小事情也能產生喜悅的感覺，在日常生活中會湧現更多的感恩之心。因為他們覺得活著本身就是一種幸福，對生命滿懷感激。

第二個變化是人際關係。真正的朋友是在人生的修羅場裡向自己伸出援手的人。但是在遭遇逆境時，有時被認為是好友的人卻沒有提供幫忙，反倒是不常聯絡的人伸出了援手。在獲得新的人際關係的同時，也失去之前的人際關係。這些都伴隨著痛苦而變化著。

第三個變化是深入理解自我優勢。當克服了自己難以克服的危機時，內心就會湧現出巨大的自信。這種自信不同於以往的自信，不僅是對自我優勢有了更加正確的認識，同時也對自我弱點和能力上限有了自覺。

感恩之心的湧出、人際關係的變化、自我優勢的認識，可以拓展視野，打開人生另一扇嶄新門，人生觀、價值觀、事業觀從根本上開始變化。這就是第四個變化：嶄新的價值觀。

還有一些人會體驗到自我精神上的徹底變化。當你跨越了生死困境，會對肉體與靈性有更高層次的領悟。這跟宗教並無關係，而是更本質的深層意識的覺醒和發現。這就是第五個變化，面對自我存在及心靈的意識再提升。

「對生的感謝」「緊密的人際關係」「深入理解自我優勢」「嶄新的價值觀」「肉體與靈性的意識提升」，這五大變化就是一部分體驗過痛苦之人，可能經歷的內心成長。

體驗過ＰＴＧ的人中，有一部分人的人生目的和工作意義發生了重大變化，他們看事情的優先順序出現了變化，也有人改變了職業。受人幫助後事業觀也會受到影響，很多人就此轉換跑道，開始從事護理師、心理諮詢師、社工等幫助他人的專業工作。也有一些人發現了自我優勢和新的潛能，開始了更有價值的新工作。

「沒有痛苦就沒有收穫。」只有飽嘗失去之苦，才會懂得擁有的彌足珍貴。

經營之神松下幸之助的「最大危機」

在眾多越過修羅場不斷取得成功的名人中，讓我印象最深刻的是松下電器的創辦人，人稱「經營之神」的松下幸之助。

第二次世界大戰前，松下電器和發展顯著頗具規模的日立、東芝相比，是個發展甚微的中小企業，和三井、三菱等財閥相比，更是天差地別。當時的電器產業就像是現在的網路產業，是乘著新興技術風潮的風險產業。

但是，戰爭開始後，戰時的日本社會無法反抗軍隊的命令。松下受到陸軍和海軍的指示，開始製造軍用零件出售給軍隊。而且，沒有造船的專門技術和經驗的松下，竟然不得不設立造船公司製造船隻。為此松下向銀行借下高額貸款，雇用了更多的勞動者。

松下在戰時發展成相當規模的企業，但是負債也在持續增加，不斷擴張的資產負債表持續惡化。

戰後，松下幸之助就將浪費在軍需生產中的勞動力轉移到家電生產的老本行上，他想為戰後日本的重新崛起做出貢獻。但是，當時的駐日盟軍總司令部（GHQ）認定松下是在製造軍需，所以下達了停止生產的命令。

在這之後松下更是災禍不斷。和三井、三菱、住友、安田等財閥一樣，松下集團也被認定為財閥。松下的所有資產被凍結，集團內部的公司也都被迫解散。松下幸之助的個人資產也遭到凍結，只留下巨額負債，他本人還受到「開除公職」的處分，這是對戰犯的強制措施。除了被當作戰犯外，松下幸之助還被禁止出任公司的管理職務和參加一切商業活動。對松下幸之助來說，這些無一不是巨大打擊。

想為國家的重生有所貢獻卻無能為力，想重振自己的公司也被迫罷手。松下幸之助負擔著巨額的債務，為了還利息還要四處奔走借款。從一九四六年到一九五〇年各種強制措施被撤銷為止，對松下幸之助來說無疑是惡夢般的四年。

松下幸之助如何跨越危機

五十多歲本應是企業家發展的黃金期，但是日本戰敗後，松下幸之助和他的公司卻被駐留日本的GHQ實施了「制裁認定」「開除公職」「財閥解散」等七項強制措施。公司資產被沒收，負債累累，連主動打破自身困境的自由都被剝奪了。

當一個人能夠自主控制外部事務、自主決定自身處境時，他的幸福度才能提升。管理者能夠決定自己的工作、薪資、公司方向，才能使公司的職員獲得更高等級的「自主性」會帶給人的心理很大的幸福感。

幸福感和充實感。儘管松下幸之助的事業和人生都很坎坷，但他作為獨立的管理經營者的時光也是很有價值、很充實的。不過戰後的這幾年，無疑是感受到更多的不幸。

松下幸之助過去三十年積累的財富全部化為零，而且還是因為毫無關係的政治原因。松下幸之助幾乎每週都從大阪跑到東京向GHQ陳情，卻總是被置之不理。在這過程中，他心中有對未來的不安，有對自己無法解決問題的無力，也有辜負員工期待的罪惡感……他說，那段時間為了緩解壓力，他總是借酒澆愁，倚賴安眠藥度過很多個難眠之夜。

那麼，松下幸之助是如何跨過這不幸的幾年的呢？

事實上，松下幸之助在危機時期默默地找到了一個「更高目標」，並且將全身心力投入到這個「更高目標」中。

松下幸之助在這段痛苦的時期深思熟慮地思考過為何自己會陷入這種困境，原因在哪裡？自己的決策是不是有問題？

他深刻地反省自己確實在戰前被捧為「經營之神」，自己的公司也在不斷地獲得進步，自己是不是因此就有了自負自滿的情緒？當時的自己雖說不得不接受陸軍和海軍的委託進行軍需支援，但是並沒有想過這種支援是否正確。

也正是在這個前提下，日本發動了戰爭，造成了四分之一的國家資產損失和數百萬條生命的消亡。為什麼會出現這種問題？為了防止日本重蹈覆轍，防止再度上演第二次世界大戰一樣的自殺行為，作為日本人該做些什麼呢？

懷著這些問題，他成立了ＰＨＰ研究所。「ＰＨＰ」取自和平（Peace）、幸福（Happiness）、繁榮（Prosperity）三個詞的字首，意思是透過繁榮收穫和平與幸福。沒有和平，就沒有繁榮與幸福，沒有經濟上的繁榮，就沒有長久的和平。ＰＨＰ研究所的名稱中就包含了松下幸之助設立時的基本構想。

由於開除公職的懲罰，不能再去公司工作的松下幸之助就把所有的時間都花在「ＰＨＰ運動」上。他借圖書館一角舉行每月一次的ＰＨＰ研究講座，在大阪梅田車站前發傳單宣傳ＰＨＰ運動，號召大家參加ＰＨＰ的會議。被稱為「經營之神」的松下幸之助居然是親自發傳單的。

但是ＰＨＰ運動沒有引起很大的迴響。松下幸之助在自傳中也寫道：「ＰＨＰ運動的開端並不順利，遇到了各種問題。」

由於日本戰敗後糧食不足，對吃不飽飯的人們來說，比起形式上的東西，人們更關心怎麼填飽肚子。所以松下幸之助的努力並沒有取得相應的成果。

不過，ＰＨＰ運動卻對松下幸之助產生了重要影響。他本人也說過，ＰＨＰ才是他心靈的棲息之處。他從人生最大的逆境中看到了人生最高境界的目標。

四年半後，松下幸之助終於擺脫了所有制裁。之後，他也終止了ＰＨＰ研究所的大部分活動，將自己的時間和精力全部投入松下電器的復興之中。

▼跨越危機之後迎來的榮景

松下電器後來的飛躍發展和全球性的成功是眾所周知的。松下幸之助也成為六十歲以上富豪排行榜的常客，個人資產連續十年位居日本第一，資產最高的時期多達五百多億日圓。他從戰後的負債累累中完美地東山再起，成為享譽世界的成功企業家。

那麼ＰＨＰ運動後來如何了呢？其實，松下幸之助並沒有遺忘自己的這個「更高目標」。

六十五歲以後，他將社長之職讓給養子松下正治，退出管理第一線，之後迅速投入到ＰＨＰ研究所的活動中。直到他九十四歲辭世，在這三十年的時間裡，他都全力支持著ＰＨＰ活動。他在京都的真真庵府邸和年輕的研究員們探討人的本質，親自著書。光是署有本人姓名的著作就有將近五十本。

比如說《道路無限寬廣》一書匯總了松下幸之助在ＰＨＰ研究所的內部報紙《ＰＨＰ》上連載的散文。這本書曾再版一百五十次，是超過四百五十萬冊的超級暢銷書。

「危機」是「危險」的「危」和「機會」的「機」所組成的詞彙，這也表示「危機」既是「危險」也是「實現飛躍的機會」。

同樣，中國古代就有「世間萬物，皆有陰陽」的陰陽雙生思想。典型代表就是太極圖。仔細觀察太極圖，就會發現其中隱藏的奧妙。

太極圖中代表陰的黑色部分裡有個白色圓圈，這個白色圓圈代表什麼意思？它是在說：

■太極圖

「在不幸事件（黑）當中，也隱藏著成功的種子（白圓圈）。因此，不要灰心喪氣，要滿懷希望地去尋找成功的種子。」而太極圖中代表陽的白色部分裡也有個黑色的圓圈，它告誡我們：「在幸運事件（白）當中，也潛藏著失敗的種子（黑圓圈）。所以即使成功也不應得意忘形，依然應當小心謹慎，深思熟慮。」

在戰後那幾年，GHQ的強制措施不論對松下幸之助個人還是公司都是實實在在的危機，但是松下幸之助卻在接連不斷的厄運中看見了白色圓圈。我想這就是PHP運動的「更高目標」。

現在有很多家庭享受著松下電器產品提供的生活娛樂及便利的協助。但從長遠角度來看，未來會有更多的人受益於PHP研究所的書籍或教育活動。因為松下幸之助的

《道路無限寬廣》，就至少給四百五十萬人帶來了正面的影響。

俯瞰人生，從逆境中汲取智慧

前文中我介紹過，抗壓韌性的七大技能主要分為三個階段來學習。（見下頁圖）

第一個階段是擺脫負面情緒的惡性循環，馴服無用的「思維制約犬」，找出負面情緒的根本原因，對症下藥。這兩個技能可以使由失敗、麻煩等危機造成精神性低落情緒「觸底回升」（如圖①處）。

第二個就是向上攀爬的階段。這個階段需要可以克服困難的精神性體能：「復原力肌肉」。因此就必須掌握培養自我效能感，發揮自我優勢，建立自己的心靈後盾，常懷感恩之心這四個技能（如圖②處）。

鍛鍊抗壓韌性的最後一個技能就是從精神上的痛苦體驗中汲取智慧，從而獲得個人成長。也就是將逆境體驗轉換成經驗教訓的能力。因此我們必須退到逆境體驗的一步之外去俯瞰逆境全景（如圖③處），我們稱其為「內省（reflection）」。

■抗壓韌性三步驟

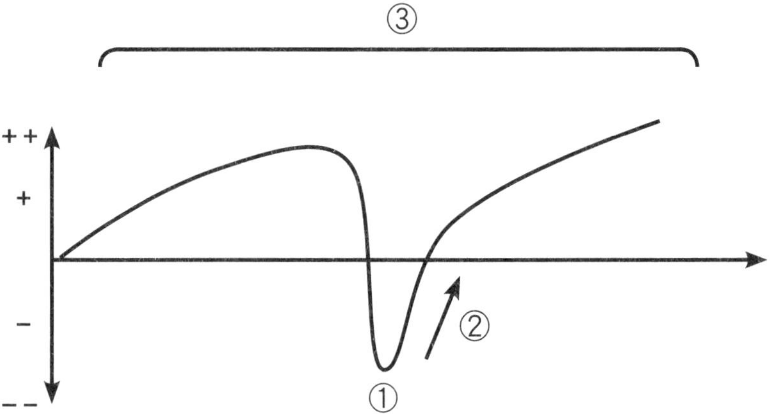

①擺脫精神消沉、停止精神「墜落」的階段
②運用「復原力肌肉」、重振旗鼓的階段
③退開一步，以高視角俯視過去困境體驗的階段

在抗壓韌性訓練中，我們一般採用將本人逆境體驗「故事化」的方法。敘說心理學的研究認為，人會將自己的人生經歷以「敘說」的手法進行構建。對同一件事情，不同的人有不同的敘說方法，不同的敘說方法會帶來對人生經歷的不同解釋。

當我們體驗到痛苦時，感受到的痛苦程度並不一定完全和現實吻合。這是因為我們深層心理的思維制約會扭曲我們對現實狀況的認知。

而抗壓韌性並不是讓我們扭曲地認識事實，而是採取靈活的角度，合理並正確地掌握事實。因為本人敘說自我體驗的方式會影響本身對體驗的解釋。如果能夠將逆境體驗轉換為「復原力敘說」，那麼你主觀的「解釋」就有可能變為現實。進行「復原力敘說」時需要注意三個關鍵點：

①站在重振者而非受害者的角度進行敘說

②回想自己擺脫精神低落狀態的契機是什麼

③著眼於自己是如何從「零」攀爬至現在的高度的

首先我們必須注意，不能站在受害者的角度去看過去的失敗或困境體驗。這樣很容易就會把自己定位成失敗者，認為自己什麼事情也做不好，將來一定會失敗，讓自我形成悲觀的看法，對自我體驗進行悲觀敘說。

在這個訓練中，最重要的是站在克服困難重新振作的立場，而不是失敗受害的立場，用積極的「復原力敘說」來構建自己的體驗。

在我們的敘說中，無疑會有遭遇危機和逆境時精神低落的內容，但是第二個關鍵點就是要回顧自己是如何從情緒低落的谷底中掙脫出來的。人們在無意識中就會安於不幸，因為他們認為這樣比較輕鬆無負擔，但是，如果要想得到幸福，就必須有意識地去斬斷這種惡性循環。而斬斷的關鍵就需要我們努力回想自己當時是如何行動的、受過誰的幫助、在緊急的狀況下是如何改變的。

進行出色的「復原力敘說」的第三個關鍵點是回想自己利用了什麼樣的「復原力肌肉」，從低落的狀態重新振作回到積極正向的狀態。

比如說自己是如何利用自我優勢去跨越修羅場的，在遭遇困境、灰心喪氣時受到了誰的支持和幫助，或是受到恩師或上司的鼓勵後如何形成了自我效能感，或者自己感覺到應該向他人表達謝意等等。這個過程也是經歷過苦痛之後鍛鍊「復原力肌肉」，培養毅力挑戰困難的過程。

▼傾訴逆境體驗可以使你明白逆境的意義

最後一個方法就是「俯瞰」。這是一種被稱為「後設觀點」的訓練方式，也就是把自己的過去寫在紙上，用「復原力敘說法」講述，並從高處觀察，探索曾經體驗的意義和其中隱藏的訊息。

遭遇痛苦時，我們通常會變成只看得到眼前，因為不安、恐懼、憤怒等負面情緒使我們的視野變得狹隘，使人忽略了整體，忘記了將來，被眼前的問題蒙蔽了雙眼。雖然有可能幫助人解決目前的問題，但是只看得到眼前的事物觀察方式並不能幫助人汲取經驗，運用在以後的問題上。因此我們有必要掌握「俯瞰」的觀察方式。

回憶過去的困境，縱觀自己的歷史，並同時像高空翱翔的老鷹一樣俯瞰自己過去的體驗全景時，你就會看到這些困境體驗的全新意義。

不過，獨自一人進行這項作業有點困難。在我教授的抗壓韌性訓練課程上，我會讓學員三到四人一組，進行共同作業。因為同組的隊員都是在培訓課程中相互瞭解並分享過困難體驗的人，所以隊員之間具備相互信賴的關係。我讓他們進入安靜的會議室，按照事前決定好的順序依序進行「復原力敘說」。

學員們對這個課程非常有熱情，大家相互訴說工作生活上遇到的困難，有些組甚至會傳來陣陣笑聲。有的學員聽過他人的逆境故事後會有「非常感動」「自己也想這樣鍛鍊一下」「他真讓我刮目相看」的感受。這個訓練過程高潮迭起，對學員的觸動很大。

為了引導出痛苦體驗的教訓，傾聽者需要進行幾個提問：

◆你從這些經驗中學習到了什麼？

◆這些經驗對後來的人生有什麼影響？

◆俯瞰自己的經歷時，有沒有發現一些共同點或大趨勢？

當他人向自己提出有效的問題時，那些在深層心理中休眠的記憶就會在腦中浮現。在他人的協助下，可以察覺那些從未在意識表層被思考過的問題。接著，當他人問起「那個痛苦的經歷對以後的工作有什麼影響」時，我們有可能會想起自己已經遺忘的重要問題。

我們之所以會痛苦，可能正是因為學到了這種智慧，發現了這個真相吧。意識到這些，就意味著我們成長了，意味著當再度遇到困難時我們有勇氣去跨越逆境。

▼對三種工作價值觀的研究

透過這個訓練，我注意到了人生中的共通規律。不知道自己真正想要什麼時，我們的幸福感就會下降，而當我們偶然找到新目標時，幸福感會一下子往上提升。這個規律從學生時代到工作之後會反覆出現。

我能夠將自己的經驗在自我內部系統化，是源於我了解了正向心理學中關於「工作觀」的研究。我尊敬的心理學家兼管理學者中有位來自美國密西根大學的珍．達頓博士（Jane Dutton），她是將正向心理學的思維方式應用到管理和組織開發領域的「正向組織學派」創始人，也是眾多年輕的新銳心理學家尊崇的靈魂人物。

達頓博士的愛徒，耶魯大學心理學教授艾米．瑞茲尼沃斯基（Amy Wrzesniewski）將人的工作價值觀分為三種類型。這裡有個寓言故事可以幫助大家理解這三種價值觀。

從前，有三個木匠在一起建造一座教堂。有一天，從教堂旁邊路過的旅人問起他們：「你們為何要做這個工作呢？」

第一個木匠回答說：「當然是為了賺錢呀。如果沒有錢，怎麼養活家裡人呀！」

第二個木匠回答說：「做好這個工作，以後才能從工頭那得到下一份工作。所以我得賣力幹活呀。」

而當路人問第三個木匠時，第三個木匠卻目不轉睛地埋頭工作，示意他現在很忙，晚點再來回答路人的問題。

過了一會兒，等第三個木匠休息時，路人又問了他同樣的問題，木匠邊擦汗邊笑著說：

「你沒看到嗎？我們當然是在這裡建造一座輝煌的大教堂啊，這就是我的工作。教堂建好了，上帝也會高興，也會有很多信徒在這裡得到施恩！」

第一種工作觀被稱為「工作（job）」，它表現了第一個木匠的價值觀：將蓋房子當作「賺錢過日子的勞動」。對他來說，蓋房子是獲得物質性報酬的手段，是為了生活和讓家庭取得收入的工具。

調查發現，抱持這種工作觀的人，工作效率、工作動機、工作滿足感都不會太高。一般來說，在工作快要結束或是接近週末時，他們的幹勁才會上升。他們想早些回家，好好娛樂休息。實際上，這種類型的人總是在工作以外的活動中追求對生活的滿意度，比如自己的嗜好，和朋友、家人共度的時光等。

第二種工作觀被稱為「事業（career）」。抱持這種工作觀的人是為了自己的地位和名譽工作。第二個木匠就是如此。對這種類型的人來說，工作不僅是獲得金錢等物質財富的手段，也是使職位晉升、薪資增加，獲得名譽和權力的手段。因為非常渴望得到這些東西，他們就會更加熱心地工作。反過來說，一旦工作上沒有相應的回報，他們就會失望憤怒。

英語中的「事業」一詞源於拉丁語和法語，原意是指「賽道上的車」。這種類型的人會非常積極地完成自己或公司設定的目標，當目標達成時就暫時地感到滿足，然後立即設定新的目標，所以這類人總會朝著下一個目標拚命地奔跑下去，永無止境。

第三個工作觀，也就是第三個木匠的價值觀。他不是為自己，而是為更大的意義和目的努力工作的。我們稱之為「使命（calling）」，它原有的意思是宗教意義上的「天職」「上天賦予的任務」等，它背後的思想根基是「現世所有人都在出生前受到了來自神的指示」。現代心理學中，使命被定義為「從自我的工作中感受到意義和社會價值的意識特性」。

我們從調查結果中發現，有使命感的人無論對工作還是人生都持有積極主動性，有較高的滿足感。這些人從不考慮引退或者退休，如果客觀條件允許，只要身體健康，他們會一直堅持工作。對這些人來說，工作是他們人生的核心，是珍貴之物。自己的工作就是自己的愛好，沒有什麼事情比沉浸在自己喜愛的世界中更好了。所以我們很容易辨別使命型的人，他們一般會在自我介紹時滿懷驕傲和自豪地談及自己的工作。

工作型和事業型的人，工作的目的都是外部性的，是出於公司的薪水或上司的褒獎、晉升、加薪、獎金等外部動機。

而使命型的人則是為了內部的動機。獲得高收入和他人的褒獎自然很好，但使命型的人並不是依存著他人工作的，而是為了自己內心的感受而工作的。使命型的人在工作上達到目標時，也能充分感受到在過程中的意義和價值。拿旅行打比方，到達目的地之前，他們也會充分享受途中美景和偶遇的樂趣。

朝著有價值的目標一點一點前進時，會從心底感受到深深的滿足感。朝著正確的方向前進時，會體會到真正的充實感和安心感。

誰把工作看成使命

大部分把工作看成使命的人，都是從事專業領域工作的人，比如公司負責人、醫生、律師、職業運動員、作家、藝術家等。我們在調查中發現，有意思的一點是家庭主婦的使命感非常強。有很多家庭主婦／主夫把家事做得很專業，他們能感覺到其中的意義和價值。

但是，並非所有從事專業領域工作的人都是使命型人。有些人當初以治病救人為使命進入大學醫院工作後，將注意力轉移到了提高收入或爭取院內的地位，變成事業型的工作觀。有些人最初懷著助人的目的考取了護理或諮詢證照，進入相關行業後卻由於收入不高，為了生活或家人而變成了工作型的事業觀。

相反地，有很多人當初為了生計開始的工作，卻意外地發揮了自身的才能，受到了公司的認可，從工作型變成了事業型。還有一些人懷著事業型工作觀順利發展工作，之後經過逆境體驗後，意識上出現轉變，藉由跳槽或創業變成了使命型工作觀。

使命型的人之中有很多事業有成的企業家，他們在提升自己的事業，收穫豐厚業績，生活寬裕後，會向顧客、公司甚至社會做出貢獻，並積極投身慈善事業。

我無法斷言工作型、事業型和使命型中哪種工作觀最好。只是調查結果發現，使命型人的工作和生活滿意度高，身心也健康，無論在私人領域還是社會領域都更容易獲得成功。

▼遵從自我使命的CEO

我的身邊就有這麼一位榜樣。他就是寶僑的CEO鮑勃・麥唐納（Bob McDonald）。我第一次見到他時，他是寶僑日本公司的社長。當時我只是個小小的品牌經理，但是他卻記得我的名字，看見我之後就親切地和我搭話。這種記憶力和溫暖一直讓我把他奉為領導模範。

有一次，我有幸與他共進午餐。趁這個機會，我就把自己想問他的問題一股腦兒地倒了出來。

「你為什麼辭去陸軍上尉的職務來到寶僑呢？」

鮑勃其實是一位極具傳奇色彩的人。他畢業於號稱「領導者搖籃」的美國西點軍校，一直在陸軍任職，但是在三十多歲時突然辭去軍職，在大學取得MBA學位後投身商界，來到寶僑。

大概因為這個問題有點突然，平時總是滿臉笑容，流利地回答問題的鮑勃表情嚴肅起來，他認真思考了一下，謹慎地措辭回答我：

「久世，我加入陸軍是為了做對全世界有意義的工作。但在美國發動越戰後，我的立場就變了。為了最初的使命，我重新思考除了陸軍之外還有沒有其他事業之路。那時候我正好遇上了寶僑，當時我就相信，在寶僑這樣全球性的日用品公司裡，我一定能夠從事有意義的工作，以新的形式促進全世界生活品質的提升。」

聽了這番話後我深受感動。麥唐納以向世界做貢獻為使命選擇自己的工作，形成了自己的職業生涯。他是真正的服務型領導者。

僅僅憑藉午餐中簡短的對話，他便讓一個像我這樣的員工決心跟隨他奮鬥，從這點可以窺見他自身的魅力。當時我就確信，有他這樣的人擔任管理階層的公司一定沒問題，所以決定長期在寶僑工作。

麥唐納不僅善於言辭，而且言出必行。在擔任營業額八萬億日圓、淨利超過一萬億日圓的跨國企業寶僑的ＣＥＯ時，他依舊表示：「在下一個五年裡，要增加中國、印度等新興市場的占比，讓十億人成為寶僑產品新的消費者。」這番宣言也讓人感覺到，即使成了ＣＥＯ，他也會實踐自己的使命，為世界做出貢獻。

你的工作是不是自己真心想做的

回顧並俯瞰自己過去的體驗時會發現，當我們不清楚自己真正想做的事情時，幸福度就會下降。當確定新目標時，幸福度就會上升。將這種規律放在工作觀上也同樣適用。

我熱愛將自己喜愛的產品和服務介紹給顧客，讓別人也成為這個產品的愛好者，所以我立志從事行銷工作，進入了最頂尖的企業寶僑。工作的每一天都非常充實。

寶僑的工作絕不輕鬆，每天都是高強度地工作到很晚，只能趕最後一班電車回家。但是我真切地感受到自己的成長，體會到自己正走在正確的路上，內心非常充實。對我來說，這正是使命般的職業。

但是，不知從何時起，我的工作觀從使命型變成了事業型，大概是熟悉了工作後，我的同期和前輩們紛紛跳槽的時候吧。寶僑的行銷總部也有培訓公司儲備幹部的責任，總部的競爭非常激烈，可以說處於「up or out（不是升職就是走人）」的狀態。要不做出成績晉升，要不跳槽走人。我在這種壓力下也很緊張不安。

當時的我非常熱愛自己的崗位，為自己是寶僑人感到驕傲，不想離開寶僑，也沒有其他想要跳槽的公司。因為我肩上有重任，要操作高額預算，而且寶僑的工作環境非常積極活躍，為了留在公司，我的工作觀變成了事業型。

之後，我的工作範圍從日本拓展到全球，部下也增加了，工作上的責任也更大了，工作內容由行銷變成了企業的戰略規畫，直接接觸自己喜愛的行銷工作的機會也少了，主要是透過部下去完成現場工作，基本上都是在跟數字打交道。如果沒有達成每月、每週的目標營業額，就需要找出原因並計畫補救對策；如果達成目標，就要研究還有多少提升空間。

雖說事業規畫也是我的強項，但是也並非有自我風格的強項，事業規畫並沒有給我帶來多大的價值感。管理數字、完成業績目標並不能讓我感到多大的喜悅。這樣一來，我的工作觀就從事業型逐漸變成了工作型。

其實，我對自己的上司或公司的待遇沒有什麼不滿，跟我一起共事的同事、部下、廣告代理商的窗口也都非常優秀，工作非常積極。我感到非常幸運。但是內心卻有種慢性的不滿慢慢滋生，因為自己的工作偏離了使命。

之後我叩問自己的內心「什麼才是我真正想做的工作」，我求助了培訓師，開始尋找新的使命型的工作。因為還要養家，所以我在準備了幾年時間後才辭職，之後開始了獨立創業的道路，新工作也開始穩步前進。

在逆境體驗中得到的教訓和啟示是成功的關鍵

我回首過去的逆境體驗時汲取的經驗很簡單，那就是如果沒有在做自己真正想做的事，工作內容和自己的使命不吻合時，工作的充實感就會下降，也就無法積極主動地投入工作。雖然道理非常簡單，但我們卻很難去實踐，總是迴避行為，以至於招致更大的問題。

這不是因為沒有勇氣，或是性格膽小懦弱，而是因為自我認識不足。不知道自我效能感的泉源，意即不瞭解自己的自信心是來自於自己的情緒、思維制約還是具有自我特徵的優勢。

現在我知道了自己的弱點，透過培養抗壓韌性，增強了自我認識，錘煉了精神，比過去更深入地明白了「我是誰」。想必有很多人煩惱找不到自己真正想做的事情。與其煩惱，倒不如把時間精力用在研究開發自我身上。因為「我是誰」的延長線上是「我應該做什麼」，而這背後大多都隱藏著「我真正想做的是什麼」的問題。

培養抗壓韌性的最後一個技能就是從痛苦但有價值的逆境體驗中，發現「我這樣的人到底是誰」。

透過這種學習的過程，我們也會發現自己的使命型工作，當我們實踐自己的使命、鼓起勇氣邁出新的一步時，那個幸福而充實、令人振奮的世界會向我們敞開。這是我自己的親身體驗。

有些事情看上去不幸，卻可能隱藏著未來成功的種子，因此，請不要灰心喪氣，要滿懷希望朝著新的目標前進。對於具備抗壓韌性的人來說，這是工作，也是生活的樂趣所在。

總結

第七個技能　從痛苦中汲取智慧

Growth from Adversity

逆境體驗中隱藏著促進自我成長，助你跨越困境的珍貴智慧。

①站在重振者而非受害者的角度進行敘說

②回想自己擺脫精神低落狀態的契機是什麼

③著眼於自己是如何從「零」攀爬至現在的高度的

接著俯瞰自己的逆境經歷，尋找逆境的意義。

結語
向二〇二〇年發起新挑戰

鍛鍊抗壓韌性的七個技能到這裡就全部講完了，你是否已經瞭解抗壓韌性訓練法了呢？

其實，我們早應該擺脫那些迴避行為的工作方式，擺脫反覆找藉口的生活方式。我們應該從現在開始就抬頭向前看，向未來發起新的挑戰。

掌握了能從失敗中重新站起的抗壓韌性技能後，才能在找到自己真正想做的事情時，邁出寶貴的一步。

這第一步雖是一小步，卻也是最關鍵的一步。就像嬰兒一點點從蹣跚邁步到獨立行走一樣。邁出一小步，再不斷地積累成功體驗，從內心產生自我效能感，才能一直有力量向前走去。

只要擁有了抗壓韌性，這個過程就會變得容易。

我們在實際採取新行動時，總是會有成功也有失敗，但是從失敗中汲取的教訓會伴隨著精神的疼痛被銘刻在腦海深處，真正地在一個人身上生根發芽，成為真正屬於自己的力量。同時，一個人如果能夠抱持著「這是我成功路上的必備之物」的危機感去學習的話，一定會像乾燥的海綿一樣拚命地吸收水分、汲取知識。

而且，無論成功還是失敗，喜悅還是悲傷，都是自己人生的一部分，如果能從各種體驗中領悟到這些，就可以掌握保持平穩冷靜心態的能力。這種能力會在你身上結晶，形成終生難忘的生存智慧。

我在三十六歲時朝著自己的使命邁出了一小步。這一小步就是將自己關於抗壓韌性的學習方法和改變自己人生的體驗寫成書。我從心底覺得將最佳、最實用的內容介紹給大家很有意義和價值。

之後的兩年，我就拋棄掉自己之前的工作，專心開始寫書，可以說是跨出了魯莽的一步，連女兒也著急地問我：「爸爸的書什麼時候出來？爸爸是為了寫書才從寶僑辭職的嗎？」不過，由於書籍沒有實績支撐，最後也沒有出版，我也曾一度放棄寫作。

後來，我便投入到了抗壓韌性的訓練中，因為我在訓練商務人士的抗壓韌性這項事業中感受到了工作的意義。但是要將自己的真實體驗寫成書需要時間，而且需要仔細地增刪修改。但是，因為這是自己的使命，所以即使沒有達成目標，我也滿足於這個過程，即便沒有出版，寫書本身就是一種樂趣，我不追求回報，一心投入在寫書上。

因為偶然的機會，這本書出版了。現在想想，離我踏出第一步已經過去了六年。如果沒有妻子的鼓勵，孩子們的期待，正向心理學學校的學生、講師和同事的支持，還有本書編輯田口卓先生的協助，這個目標是無法實現的，在此我深表謝意。

再過五、六年，東京就會迎來二〇二〇年的奧運盛會。這一年是日本的轉折之年。有了積極的目標才有「希望」，再加上堅持達成目標的「意志力」和「前瞻力」，才能有力地朝著目標前進。二〇二〇年這個轉捩點正是日本人幸運的轉捩點。

現在，愈來愈多的中學生燃著熱情，懷抱著「也許我也能參加奧運會」的熱情積極鍛鍊著拿手的運動項目。我這個大人也不能輸給孩子們。為了實現自我成長，為了獲得幸福充實的人生，我也應該向二〇二〇年發起新的挑戰。

現在這一刻起，我們就要朝著自己的內心所想邁出關鍵的一步。邁出這一步時，你會由衷感到幸福。雖然剛開始時變化很小，但是一兩年後會出現顯著的變化。我相信到了二〇二〇年，比起那些迴避行為的人，你一定會發生巨大的轉變。

從現在起，擺脫找藉口的生活方式和逃避新工作及新機會的工作方式，朝著嶄新的自己邁出第一步吧！

如果這本書對你有幫助，我會感到很幸福。我從心底裡為大家加油打氣！

久世浩司

■參考圖書・參考文獻

『オプティミストはなぜ成功するか』マーティン・セリグマン（パンローリング）
『スタンフォードの自分を変える教室』ケリー・マクゴニカル（大和書房）
『がまんしなくていい』鎌田寛（集英社）『７つの習慣』スティーブン・R・コヴィ（キングベアー出版）
『仕事の哲学』ピーター・F・ドラッカー（ダイヤモンド社）
『モチベーションをまなぶ12の理論』鹿毛雅治・編（金剛出版）
『才能を磨く』ケン・ロビンソン（大和書房）
『前例がない。だからやる』樋口廣太郎（実業之日本社）
『ブルーゾーン世界の100歳人（センテナリアン）に学ぶ健康と長寿のルール』ダン・ビュイトナー（ディスカヴァー・トゥエンティワン）
『スティーブ・ジョブズI・II』ウォルター・アイザックソン（講談社）
『いい会社をつくりましょう。』塚越寛（文屋）
『リストラなしの「年輪経営」』塚越寛（光文社）
『大前研一　敗戦期』大前研一（文藝春秋）
『Gの法則―感謝できる人は幸せになれる』ロバート・A・エモンズ（サンマーク出版）
『トラウマ後　成長と回復：心の傷を超えるための6つのステップ』スティーヴン・ジョセフ（筑摩書房）
『幸之助論』ジョン・P・コッター（ダイヤモンド社）DIAMOND ハーバード・ビジネス・レビュー　2011年7月号　（ダイヤモンド社）
『Positive psychology in a nutshell: A balanced introduction to the science of optimal functioning.』Ilona Boniwell (Pwbc)
『Positive psychology』Kate Hefferon and Ilona Boniwell (McGraw-Hill International)
『SPARK Resilience – A Teacher's Guide』Ilona Boniwell (Positran)
『The Resilience Factor』Karen Reivich, Andrew Shatte (Broadway Books)
『Science of Breath』Rudolph Ballentine, Alan Hymes, Swami Rama (Himalayan Institute Press)
『Risk, resilience, and recovery: Perspectives from the Kauai Longitudinal Study』Emmy E. Werner (Development and psychopathology, 5, 503-503.)
『The Strengths Book: Be Confident, be Successful and Enjoy Better Relationships by Realising the Best of You』Alex Linley, Janet Willars, and Robert Biswas-Deiner (Capp Press)
『Savoring: A new model of positive experience』 Fred B. Bryant & J. Veroff (Lawrence Erlbaum Associates Publishers)
『Posttraumatic growth: Positive changes in the aftermath of crisis』 Richard G. Tedeschi, Crystal L. Park, and Lawrence G. Calhoun (Psychology Press)
『Jobs, careers, and callings: People's relations to their work』Amy Wrzesniewski (Journal of Research in Personality 31.1 (1997): 21-33)
『Strengths Finder 2.0.』Tom Rass (Gallup Press)

抗壓韌性（二版）

世界菁英的成功秘密，人人都可鍛鍊的強勢復原力

世界中のエリートがIQ・学歴よりも重視！「レジリエンス」の鍛え方

作　　者　久世浩司
譯　　者　賈耀平
封面設計　萬勝安
內頁排版　藍天圖物宣字社
責任編輯　王辰元
協力編輯　釀釀

發 行 人　蘇拾平
總 編 輯　蘇拾平
副總編輯　王辰元
資深主編　夏于翔
主　　編　李明瑾
行銷企畫　廖倚萱
業務發行　王綬晨、邱紹溢、劉文雅

出　　版　日出出版
新北市231新店區北新路三段207-3號5樓
電話：（02）8913-1005 傳真：（02）8913-1056
發　　行　大雁出版基地
新北市231新店區北新路三段207-3號5樓
24小時傳真服務 （02）8913-1056
Email：andbooks@andbooks.com.tw
劃撥帳號：19983379　戶名：大雁文化事業股份有限公司

二版一刷　2023年12月
定　　價　420元
I S B N　978-626-7382-48-6
978-626-7382-47-9（EPUB）

Printed in Taiwan・All Rights Reserved
本書如遇缺頁、購買時即破損等瑕疵，請寄回本設更換

國家圖書館出版品預行編目（CIP）資料

抗壓韌性：世界菁英的成功秘密，人人都可鍛鍊的強勢復原力 / 久世浩司著 ; 賈耀平譯. – 二版. – 臺北市 : 日出出版 : 大雁文化發行, 2023.12
面； 公分
譯自：世界中のエリートがIQ・学歴よりも重視！「レジリエンス」の鍛え方

ISBN 978-626-7382-48-6（平裝）

1.職場成功法 2.自我實現

494.35 112020199

SEKAI NO ERITO GA IQ・GAKUREKI YORI JUSHI!"RESILIENCE" NO KITAEKATA by KOJI KUZE
Copyright © 2014 KOJI KUZE
Original Japanese edition published by Jitsugyo no Nihon Sha, Ltd.
All rights reserved
Chinese (in complex character only) translation copyright © 2023 by Sunrise Press, a division of AND Publishing Ltd.
Chinese (in complex character only) translation rights arranged with Jitsugyo no Nihon Sha, Ltd. through Bardon-Chinese Media Agency, Taipei.